MÉMOIRE

SUR

LA TEMPÉRATURE

DE L'AIR A LA SURFACE DU SOL
ET DE LA TERRE JUSQU'A TRENTE-SIX MÈTRES DE PROFONDEUR,
AINSI QUE SUR LA TEMPÉRATURE DE DEUX SOLS,
L'UN DÉNUDÉ, L'AUTRE COUVERT DE GAZON

Pendant l'année 1882,

PAR

M. EDMOND BECQUEREL
MEMBRE DE L'ACADÉMIE

ET

M. HENRI BECQUEREL
Ingénieur des ponts et chaussées.

PARIS

TYPOGRAPHIE DE FIRMIN-DIDOT ET Cⁱᵉ

IMPRIMEURS DE L'INSTITUT DE FRANCE, RUE JACOB, 56

M DCCC LXXXIII

INSTITUT DE FRANCE.

MÉMOIRE

SUR

LA TEMPÉRATURE

DE L'AIR A LA SURFACE DU SOL
ET DE LA TERRE JUSQU'A TRENTE-SIX MÈTRES DE PROFONDEUR,
AINSI QUE SUR LA TEMPÉRATURE DE DEUX SOLS,
L'UN DÉNUDÉ, L'AUTRE COUVERT DE GAZON

Pendant l'année 1882,

PAR

M. EDMOND BECQUEREL
MEMBRE DE L'ACADÉMIE

ET

M. HENRI BECQUEREL
Ingénieur des ponts et chaussées.

Nous avons l'honneur de présenter à l'Académie les tableaux météorologiques contenant les résultats des observations de température faites au Muséum d'histoire naturelle depuis le 1er décembre 1881 jusqu'au 1er décembre 1882, dans l'air, puis en terre à des profondeurs variables de 1 à 36 mètres, et dans les parties supérieures du sol, selon qu'il est dénudé ou couvert de gazon. Ce travail est, comme ceux des années précédentes, la conti-

1

nuation des recherches entreprises au Muséum par Antoine-César Becquerel, il y a vingt ans, à l'aide des appareils thermo-électriques qu'il a imaginés (1).

Les tableaux suivants donnent la température observée dans l'air à l'aide des thermomètres à *maxima* et à *minima* (thermométrographe ainsi que thermomètre maximum Negretti et minimum Rutherfort), situés à $10^m,70$ au-dessus du sol de la cour du Muséum (rue Cuvier), ainsi que les observations faites au nord, à la même hauteur, et au haut d'un mât à 10 mètres au-dessus des thermomètres et par conséquent à $20^m,7$ du sol. Le thermomètre au nord a son zéro à $+ 0°,78$, et celui de l'appareil thermo-électrique du mât à $+ 0°,50$; les tableaux sont donnés tels que les observations sont faites; les corrections de la position du zéro ne sont effectuées que dans les résumés qui suivent.

---

(1) *Mémoires de l'Académie des sciences*, tomes XXXII, XXXVIII, XL, XLI et XLII; *Comptes rendus*, t. LXXXII, pages 587 et 700, t. LXXXVI, p. 122, t. LXXXIX, p. 207, t. XC, p. 578, t. XCII, p. 1253, et t. XCIV, p. 1147.

MOIS DE DÉCEMBRE 1881, JANVIER ET FÉVRIER 1882.

THERMOMÈTRES A INDEX.

Tableau n° 1.

DATE.	DÉCEMBRE 1881. THERMO-MÉTROGRAPHE. Maxim.	Minim.	THERMOMÈTRES DIVERS. Maxim.	Minim.	JANVIER 1882. THERMO-MÉTROGRAPHE. Maxim.	Minim.	THERMOMÈTRES DIVERS. Maxim.	Minim.	FÉVRIER 1882. THERMO-MÉTROGRAPHE. Maxim.	Minim.	THERMOMÈTRES DIVERS. Maxim.	Minim.
I	6,2	2,0	5,9	2,9	4,5	—2,0	4,5	—1,7	6,1	—2,2	5,7	—2,0
2	9,0	0,5	9,0	0,9	6,6	—0,6	6,1	—0,1	3,8	—4,5	3,0	—3,9
3	9,0	0,1	9,0	0,1	10,5	5,0	10,0	5,0	3,0	—3,9	2,5	—2,9
4	4,5	0,5	4,6	0,5	10,0	2,0	10,1	2,3	1,4	—1,8	0,3	—1,7
5	2,9	—0,5	2,4	—0,3	7,1	—0,9	7,1	—0,6	0,5	—3,0	—0,7	—3,0
6	7,1	0,1	7,0	0,2	8,8	2,0	5,6	2,2	—0,3	—3,5	—1,3	—3,2
7	7,1	3,9	6,9	3,9	11,8	7,5	11,7	7,5	3,2	—3,9	2,6	—3,3
8	8,7	1,1	8,5	1,3	10,1	1,0	10,0	1,1	5,1	—2,6	4,9	—2,6
9	7,8	1,1	7,5	1,3	8,0	2,3	7,8	2,8	1,2	—1,9	0,1	—1,7
10	6,0	0,2	5,5	0,6	9,9	0,1	9,9	0,4	0,1	—3,8	—0,7	—3,5
11	4,6	2,9	4,1	1,9	7,8	—0,6	7,5	—0,5	3,9	—4,0	3,4	—3,5
12	5,4	—1,0	5,0	—0,6	6,9	1,6	6,4	1,6	8,9	—0,2	9,1	—0,6
13	4,0	0,1	3,2	0,4	7,9	2,6	7,4	2,7	11,2	—0,3	10,5	—0,3
14	4,5	1,0	4,0	1,0	4,1	0,0	3,8	0,0	10,2	1,6	10,1	2,0
15	4,7	1,0	4,6	1,0	3,0	0,0	3,0	—0,1	11,6	7,8	11,6	7,9
16	3,9	1,0	3,0	1,1	3,1	—0,6	2,4	—0,5	11,9	1,0	12,0	1,4
17	4,2	0,2	3,9	0,5	1,9	—2,2	0,9	—2,4	8,8	3,0	8,6	3,3
18	12,6	3,1	12,5	3,1	0,5	—3,9	—0,5	—3,8	10,0	6,8	10,0	6,8
19	10,1	3,7	10,3	3,8	0,5	—2,5	—1,6	—3,4	11,1	3,0	11,1	3,0
20	8,8	2,0	8,5	2,3	—0,5	—3,0	—0,6	—2,8	11,2	1,8	11,1	2,0
21	9,1	3,5	9,0	3,5	—0,6	—4,8	—1,9	—4,5	9,0	3,9	9,0	4,1
22	7,8	—0,9	7,4	—0,5	1,1	—4,1	0,5	—4,0	9,0	5,1	9,2	5,2
23	4,0	0,0	4,1	0,2	1,0	—1,9	0,0	—1,7	9,6	1,3	9,5	1,6
24	6,0	—1,1	5,5	—1,0	1,5	—2,0	0,4	—1,8	8,9	—0,2	8,9	—0,1
25	3,1	—3,0	2,6	—2,5	0,0	—3,6	—0,3	—3,3	10,4	2,2	10,5	2,7
26	2,0	—3,7	1,4	—3,3	—0,2	—3,6	—1,3	—3,5	15,9	4,5	16,2	4,6
27	3,8	—2,8	3,0	—2,6	1,5	—3,1	1,1	—3,2	13,8	7,2	13,9	7,5
28	4,0	—1,2	4,1	—1,4	6,5	—1,0	6,6	—0,8	13,8	6,2	13,9	6,6
29	0,8	—3,5	—0,5	—3,5	5,9	—1,9	5,3	—1,5				
30	0,0	—3,1	—1,1	—3,4	6,9	—0,1	6,8	0,0				
31	2,1	3,6	1,5	3,1	8,0	2,8	8,0	2,9				
Moyennes....	5,58	0,35	5,24	0,46	5,00	—0,50	4,50	—0,38	7,58	0,68	7,32	0,97
Moyenne....	2,96		2,85		2,25		2,06		4,13		4,14	

MOIS DE MARS, AVRIL ET MAI 1882.

THERMOMÈTRES A INDEX.

Tableau n° 2.

DATE.	MARS 1882.				AVRIL 1882.				MAI 1882.			
	THERMO-MÉTROGRAPHE.		THERMOMÈTRES DIVERS.		THERMO-MÉTROGRAPHE.		THERMOMÈTRES DIVERS.		THERMO-MÉTROGRAPHE.		THERMOMÈTRES DIVERS.	
	Maxim.	Minim.	Maxim.	Minim.	Maxim.	Minim.	Maxim.	Minim.	Maxim.	M nim.	Maxim.	Minim.
1	12,5	7,6	12,4	7,6	12,5	2,0	12,5	2,2	16,1	4,2	15,9	4,0
2	12,4	3,1	12,4	3,5	15,8	3,1	15,7	3,5	17,5	4,5	17,5	4,5
3	11,0	1,8	11,0	1,9	17,0	5,1	17,1	5,4	20,7	10,3	20,0	10,5
4	6,9	4,1	6,5	4,1	20,7	7,0	20,2	7,0	25,1	12,1	24,9	11,9
5	9,0	0,2	8,6	0,5	16,1	3,1	16,5	3,2	13,9	6,5	23,7	6,6
6	11,5	4,5	11,5	4,7	15,6	6,0	15,7	5,7	18,0	9,2	18,0	9,4
7	13,8	2,5	13,8	2,6	17,8	5,1	17,7	5,3	19,0	8,1	19,0	8,3
8	12,8	4,1	12,7	4,1	17,0	6,1	17,3	6,0	21,0	10,0	21,0	10,0
9	15,0	9,0	14,9	8,9	18,1	4,8	18,4	4,7	17,8	8,0	18,0	8,0
10	16,8	7,9	16,5	6,8	15,6	4,1	15,6	4,0	16,5	8,8	16,4	8,5
11	14,0	7,1	14,2	7,0	11,3	3,0	11,4	3,0	19,1	10,0	19,0	9,9
12	14,8	8,9	14,8	8,9	12,8	3,6	12,5	3,6	22,5	10,6	22,6	10,5
13	13,7	5,5	13,6	5,6	15,2	6,8	15,2	6,9	24,0	8,2	24,0	8,1
14	13,9	4,2	14,0	4,5	16,3	8,1	16,1	8,1	19,8	6,9	19,8	6,8
15	15,9	3,8	16,1	3,9	17,1	5,6	17,2	5,6	16,9	4,1	16,1	3,9
16	16,9	5,1	17,0	5,3	15,9	4,8	15,4	4,7	14,0	3,9	14,2	3,5
17	15,2	5,8	15,6	5,8	12,5	6,0	12,5	5,8	14,6	4,6	15,0	4,7
18	16,8	5,1	17,0	5,4	16,8	7,8	17,0	7,7	16,6	5,5	16,6	5,6
19	18,5	4,5	18,9	4,7	14,0	6,7	14,1	6,6	17,8	7,4	18,0	7,4
20	13,8	4,0	18,8	4,0	18,1	7,1	18,2	7,4	18,8	7,5	19,0	7,8
21	18,9	6,2	19,4	6,4	17,8	4,9	17,8	4,8	20,8	11,0	20,8	10,9
22	14,8	1,0	14,6	1,0	20,0	9,9	20,1	10,1	23,0	10,5	23,1	10,4
23	7,0	1,0	6,9	1,1	25,9	10,2	25,6	10,3	24,1	11,0	24,1	10,9
24	7,1	0,6	7,0	0,9	17,0	7,5	17,0	7,5	20,0	8,0	20,0	7,8
25	13,1	5,1	13,1	5,4	15,9	7,7	15,9	7,9	22,2	10,8	22,0	10,7
26	13,0	7,8	13,1	7,6	12,3	5,8	12,1	5,8	20,1	9,0	20,2	8,9
27	10,4	3,0	12,2	3,2	13,3	6,1	13,4	6,1	20,8	10,2	20,6	19,2
28	11,4	6,2	11,4	6,4	13,0	4,9	12,9	4,0	25,8	12,5	25,4	12,5
29	12,6	7,2	12,3	7,5	13,9	5,1	14,0	5,1	26,9	11,8	26,2	11,6
30	14,0	7,5	14,0	7,6	14,1	4,2	14,4	4,4	18,4	13,0	18,3	12,7
31	11,9	5,3	11,6	5,5					20,5	11,9	20,1	11,7
Moyennes....	14,62	5,35	14,83	5,44	15,98	5,37	16,06	5,78	19,70	8,71	20,31	8,65
Moyenne.....	9,98		10,13		10,67		10,92		14,20		14,48	

MOIS DE JUIN, JUILLET ET AOUT 1882.

THERMOMÈTRES A INDEX.

Tableau n° 3.

DATE.	JUIN 1882. THERMO-MÉTROGRAPHE.		THERMOMÈTRES DIVERS.		JUILLET 1882. THERMO-MÉTROGRAPHE.		THERMOMÈTRES DIVERS.		AOUT 1882. THERMO-MÉTROGRAPHE.		THERMOMÈTRES DIVERS.	
	Maxim.	Minim.	Maxim.	Minim.	Maxim.	Minim.	Maxim.	Minim.	Maxim.	Minim.	Maxim.	Minim.
1	15,9	10,0	17,0	9,9	22,6	12,0	22,6	11,9	23,0	13,0	23,3	13,1
2	22,9	13,1	23,0	13,2	22,2	12,2	23,4	12,1	25,0	20,0	25,0	17,0
3	25,8	12,1	25,0	11,9	22,2	12,2	22,5	12,1	25,5	16,0	25,4	15,9
4	28,2	15,0	28,0	14,6	25,0	13,6	25,6	13,2	23,8	12,2	22,9	12,3
5	22,5	10,8	22,1	11,3	29,5	16,8	29,0	15,9	21,2	12,1	21,4	12,2
6	22,0	11,0	22,0	10,8	23,0	12,0	23,0	12,0	21,6	14,9	21,5	14,8
7	27,6	14,0	27,5	13,7	21,0	12,8	20,7	14,2	25,5	14,3	25,4	14,4
8	21,0	10,0	20,3	9,9	20,2	13,3	20,1	13,4	24,1	13,0	24,0	12,9
9	19,8	11,8	19,6	11,6	20,0	11,7	20,1	11,5	18,8	13,8	18,5	13,6
10	19,8	9,9	19,5	9,8	22,0	11,0	22,1	10,9	18,9	14,2	19,0	14,2
11	16,1	10,2	18,1	10,0	21,6	12,8	21,4	12,6	21,1	12,7	21,4	12,6
12	15,9	9,0	15,9	8,9	22,9	13,1	22,6	13,0	26,2	16,1	26,1	15,8
13	17,2	6,2	17,6	6,2	20,1	10,0	20,2	9,9	31,3	18,8	30,0	18,2
14	15,5	8,9	15,5	8,8	26,0	14,3	25,7	14,3	20,6	16,1	20,2	15,8
15	18,2	11,9	18,4	12,7	26,0	15,0	26,0	14,7	26,8	16,2	26,4	15,9
16	18,6	9,0	19,8	8,9	29,8	15,9	24,9	15,4	24,8	10,7	24,4	10,5
17	21,0	7,0	20,4	7,1	25,2	14,1	24,6	14,1	18,6	10,3	18,6	10,3
18	21,2	8,9	21,1	8,8	23,8	15,2	23,5	15,0	19,9	11,2	19,8	11,4
19	20,0	9,1	19,4	9,1	26,5	16,0	26,1	15,8	23,5	16,2	23,0	15,9
20	18,5	9,8	18,7	9,7	30,0	15,0	29,7	14,6	25,0	12,3	24,8	12,3
21	21,1	12,0	21,2	11,7	23,5	13,0	23,4	13,0	21,7	14,1	21,5	14,0
22	23,8	12,2	23,5	12,3	26,2	14,5	26,0	14,5	22,0	12,8	22,0	12,7
23	26,8	13,9	26,0	13,4	24,1	16,0	24,0	15,7	20,9	13,9	20,9	13,6
24	20,9	13,1	20,4	12,8	23,6	12,0	23,2	12,6	19,9	9,1	19,9	9,0
25	26,0	14,1	25,9	13,9	22,9	13,9	22,6	13,4	20,0	9,2	20,0	9,3
26	23,7	12,1	23,1	12,9	20,4	12,2	20,2	12,3	17,8	13,0	17,5	12,9
27	23,9	10,4	23,7	10,4	21,6	10,8	20,6	10,8	18,4	12,1	18,4	12,1
28	22,0	11,8	22,0	11,7	21,8	12,7	21,8	11,5	20,0	10,5	20,6	10,5
29	24,1	15,6	24,1	15,4	22,9	14,8	22,8	14,6	20,5	14,1	20,1	13,9
30	22,8	15,1	22,1	14,8	23,6	12,6	23,5	12,5	20,9	12,5	21,0	12,5
31					24,0	14,6	24,1	14,4	20,8	8,9	20,8	8,9
Moyennes..	21,47	11,33	21,37	11,49	23,68	13,42	23,32	13,29	22,20	13,69	22,12	13,18
Moyenne...	16,40		16,43		18,55		18,30		17,94		17,65	

MOIS DE SEPTEMBRE, OCTOBRE ET NOVEMBRE 1882.

THERMOMÈTRES A INDEX.

Tableau n° 4.

DATE.	SEPTEMBRE 1882.				OCTOBRE 1882.				NOVEMBRE 1882.			
	THERMO-MÉTROGRAPHE.		THERMOMÈTRES DIVERS.		THERMO-MÉTROGRAPHE.		THERMOMÈTRES DIVERS.		THERMO-MÉTROGRAPHE.		THERMOMÈTRES DIVERS.	
	Maxim.	Minim.	Maxim.	Minim.	Maxim.	Minim.	Maxim.	Minim.	Maxim.	Minim.	Maxim.	Minim.
1	21,0	11,9	20,6	11,8	18,5	12,9	18,6	12,8	14,8	5,0	14,9	5,2
2	23,8	15,2	23,5	15,2	21,6	13,2	20,9	13,4	15,0	6,5	15,2	6,7
3	26,5	16,0	26,4	15,8	18,4	8,1	18,5	8,2	13,9	6,9	14,0	7,1
4	24,7	13,2	24,6	13,3	17,5	9,0	17,3	9,0	14,9	9,2	15,0	9,5
5	21,5	14,0	21,4	14,0	15,5	7,2	15,6	7,4	14,9	7,2	14,9	7,6
6	21,4	9,0	21,4	9,0	13,7	8,4	13,8	8,6	15,3	9,9	15,1	9,9
7	18,5	13,9	18,0	13,6	16,1	8,2	16,0	7,5	15,0	10,8	15,1	10,9
8	19,9	10,9	10,9	10,6	14,5	7,7	14,5	7,7	14,8	9,1	14,6	9,0
9	21,0	10,6	21,0	10,5	18,2	7,9	18,5	8,1	11,1	7,2	11,0	7,5
10	21,4	13,9	21,3	13,5	18,6	9,9	18,5	9,6	12,5	6,0	12,4	6,2
11	26,0	13,9	26,0	13,8	20,0	11,8	20,1	11,4	11,9	7,2	11,7	7,5
12	19,0	12,4	18,8	12,4	22,2	13,2	22,3	12,9	10,9	3,2	10,9	3,5
13	16,6	7,0	16,5	7,0	15,0	6,8	15,0	7,0	10,8	5,1	10,2	5,3
14	16,9	5,1	16,9	5,2	15,8	10,2	15,6	10,2	10,0	3,9	10,0	4,0
15	16,9	6,2	16,7	6,1	12,5	7,9	12,4	7,8	5,4	0,5	5,3	0,7
16	15,0	7,1	14,8	7,2	11,9	8,2	11,4	8,3	9,1	3,2	9,1	3,5
17	16,5	11,3	16,3	11,3	11,7	8,6	11,5	8,7	7,1	3,0	7,0	3,3
18	17,8	11,8	17,6	11,8	13,8	6,1	13,8	6,0	6,8	0,5	6,4	0,9
19	18,2	11,5	18,4	11,6	14,0	4,9	14,1	4,9	7,6	1,3	7,6	1,3
20	15,2	7,6	15,2	7,9	13,0	8,0	13,0	8,1	10,0	3,8	10,0	3,8
21	14,1	10,2	13,9	10,1	15,9	6,2	15,9	6,5	9,0	0,8	8,6	1,0
22	14,2	10,1	14,2	10,3	16,1	10,0	16,3	9,9	7,1	2,0	7,0	2,1
23	14,9	8,9	15,0	8,9	16,9	6,9	17,0	6,6	12,8	5,2	12,5	5,6
24	16,0	8,2	16,2	8,4	14,1	9,0	14,2	9,1	15,0	9,5	15,0	9,8
25	17,9	7,3	17,8	7,8	15,2	5,1	15,2	5,4	13,0	8,2	13,0	8,5
26	18,1	8,9	18,4	9,0	13,5	6,9	13,5	6,9	15,4	7,9	15,3	8,0
27	17,2	9,3	17,1	9,4	12,8	7,7	12,6	7,8	11,8	4,5	11,5	4,7
28	17,0	8,0	17,1	8,0	11,3	7,2	11,0	7,5	8,6	1,9	8,2	2,0
29	15,2	10,0	15,5	10,0	12,0	8,1	11,9	8,3	7,2	1,0	7,0	0,9
30	18,9	9,5	18,9	9,5	10,8	1,5	10,8	1,6	7,2	0,8	7,0	0,7
31					11,4	3,5	12,0	4,1				
Moyennes..	18,74	10,76	18,35	10,44	15,20	8,07	15,21	8,11	11,29	5,01	11,12	5,22
Moyenne...	14,75		14,39		11,63		11,66		8,15		8,17	

MOIS DE DÉCEMBRE 1881.

TEMPÉRATURE DE L'AIR

A 6 HEURES, 9 HEURES DU MATIN ET 3 HEURES DU SOIR.

Tableau n° 5.

DATE.	6 HEURES DU MATIN.			9 HEURES DU MATIN.			3 HEURES DU SOIR.		
	TEMPÉRATURE du mât.	TEMPÉRATURE au nord.	ÉTAT du CIEL.	TEMPÉRATURE du mât.	TEMPÉRATURE au nord.	ÉTAT du CIEL.	TEMPÉRATURE du mât.	TEMPÉRATURE au nord.	ÉTAT du CIEL.
1	3,0	3,5	Léger brouillard.	3,5	4,8	Petite pluie.	8,8	9,6	Soleil faible.
2	2,0	2,5	Idem.	3,5	3,8	Léger brouillard.	9,0	9,6	Idem.
3	1,6	2,0	Idem.	1,7	2,1	Idem.	3,9	4,4	Couvert.
4	2,0	2,8	Couvert.	1,8	2,8	Couvert.	1,3	1,8	Idem.
5	1,0	1,0	Idem.	0,9	1,4	Idem.	3,9	4,7	Pluie fine.
6	6,3	6,6	Brouillard.	4,6	5,0	Léger brouillard.	6,8	7,2	Couvert.
7	6,5	6,9	Pluie fine.	7,5	7,6	Pluie.	8,7	9,2	Idem.
8	3,0	3,4	Demi-couvert.	3,1	2,8	Soleil faible.	8,7	8,2	Soleil faible.
9	2,0	2,9	Couvert.	2,7	3,0	Léger brouillard.	5,9	6,4	Couvert.
10	2,2	2,5	Idem.	2,8	3,0	Couvert.	4,2	4,4	Idem.
11	3,9	4,3	Idem.	4,4	4,8	Idem.	4,1	4,4	Idem.
12	0,6	0,6	Clair.	1,3	1,7	Neige fine.	3,8	4,3	Idem.
13	2,2	2,7	Demi-couvert.	3,1	3,4	Demi-couvert.	4,4	4,2	Soleil faible.
14	2,0	2,6	Idem.	2,6	3,0	Couvert.	3,0	3,6	Couvert.
15	2,1	2,5	Couvert.	2,5	2,8	Idem.	3,2	3,7	Idem.
16	1,9	2,4	Idem.	2,1	2,4	Idem.	2,7	3,0	Idem.
17	3,1	3,5	Idem.	3,4	4,6	Idem.	6,7	7,6	Pluie fine.
18	10,6	11,8	Pluie, ouragan.	10,1	10,6	Pluie, grand vent.	8,7	9,4	Demi-couvert.
19	5,1	5,6	Demi-couvert.	4,9	5,6	Demi-couvert.	8,8	8,6	Soleil très faible.
20	5,9	6,5	Pluie.	8,1	8,8	Soleil faible.	5,5	6,4	Pluie, ouragan.
21	5,1	5,9	Clair, ouragan.	4,6	5,9	Petite pluie.	7,2	7,0	Soleil faible.
22	1,2	1,2	Demi-couvert.	1,3	1,6	Couvert.	3,3	3,8	Petite pluie.
23	1,1	1,8	Clair, vent.	1,6	2,4	Soleil faible.	5,4	6,8	Soleil très faible.
24	0,2	0,4	Brouillard.	0,4	0,6	Léger brouillard.	2,3	2,6	Idem.
25	—0,8	—0,8	Clair.	—1,2	—1,0	Soleil très faible.	1,3	1,6	Idem.
26	—2,3	—2,0	Léger brouillard.	—1,8	—1,6	Léger brouillard.	3,1	3,8	Demi-couvert.
27	1,3	2,7	Petite pluie.	1,5	2,8	Pluie fine.	2,8	3,6	Couvert.
28	0,0	0,2	Couvert.	—0,1	—0,1	Léger brouillard.	—0,3	0,2	Idem.
29	—2,0	—1,6	Brouillard.	—2,6	—2,4	Brouillard.	—0,9	—0,7	Brouillard.
30	—1,9	—1,7	Idem.	—1,5	—1,8	Idem.	1,9	2,4	Soleil faible.
31	—1,9	—1,8	Demi-couvert.	—1,0	—0,8	Soleil très faible.	6,2	5,2	Idem.
Moyenne.	2,14	2,87		2,45	2,90		4,78	5,10	

MÉMOIRE SUR LA TEMPÉRATURE DE L'AIR,

MOIS DE JANVIER 1882.

TEMPÉRATURE DE L'AIR

A 6 HEURES, 9 HEURES DU MATIN ET 3 HEURES DU SOIR.

Tableau n° 6.

DATES.	6 HEURES DU MATIN.			9 HEURES DU MATIN.			3 HEURES DU SOIR.		
	TEMPÉRATURE du mât.	TEMPÉRATURE au nord.	ÉTAT du CIEL.	TEMPÉRATURE du mât.	TEMPÉRATURE au nord.	ÉTAT du CIEL.	TEMPÉRATURE du mât.	TEMPÉRATURE au nord.	ÉTAT du CIEL.
1	0,3	0,8	Clair.	0,4	0,7	Demi-couvert.	6,6	6,8	Soleil faible.
2	6,1	6,8	Demi-couvert.	6,5	6,6	Couvert.	7,8	8,3	Demi-couvert.
3	9,0	10,2	Couvert, vent.	9,8	10,6	Couvert, vent.	9,5	9,7	Pluie fine.
4	3,2	3,8	Demi-couvert.	3,2	3,8	Soleil faible.	7,1	7,3	Soleil faible.
5	2,0	2,1	Couvert.	2,7	3,6	Couvert.	6,0	6,4	Couvert.
6	8,3	8,8	Idem.	8,8	9,4	Idem.	10,8	12,4	Idem.
7	8,8	9,1	Pluie.	8,8	9,9	Demi-couvert.	6,8	7,0	Sol. faib., v., grêle.
8	3,1	3,8	Clair.	3,8	4,1	Idem.	8,0	8,3	Soleil faible.
9	6,0	6,1	Couvert.	6,8	7,2	Couvert.	9,2	9,4	Demi-couvert.
10	1,1	1,6	Clair.	2,3	2,6	Soleil très faible.	7,6	8,5	Idem.
11	2,0	2,2	Couvert.	2,5	2,9	Pluie fine.	7,1	7,2	Couvert.
12	6,2	6,6	Idem.	6,3	6,8	Couvert.	7,1	7,8	Idem.
13	4,3	4,8	Idem.	4,0	4,2	Idem.	3,9	4,3	Idem.
14	2,0	2,2	Idem.	1,1	1,2	Idem.	2,5	2,8	Idem.
15	1,2	1,6	Brouillard.	1,0	1,6	Couvert.	2,6	3,8	Léger brouillard.
16	1,2	1,5	Couvert.	0,8	1,0	Idem.	1,4	1,8	Couvert.
17	—0,7	—0,5	Idem.	—0,7	—0,6	Léger brouillard.	0,0	0,3	Léger brouillard.
18	—2,5	—2,1	Idem.	—2,5	—2,2	Idem.	—1,3	—0,7	Couvert.
19	—1,9	—1,2	Idem.	—1,2	—1,0	Couvert.	—0,6	—0,1	Idem.
20	—2,1	—1,2	Idem.	—2,0	—1,4	Léger brouillard.	—1,6	—1,0	Idem.
21	—3,1	—2,6	Idem.	—3,4	—3,0	Idem.	—0,9	—0,4	Idem.
22	—0,1	0,2	Idem.	—0,5	—0,1	Couvert.	—0,1	+0,4	Idem.
23	0,5	0,9	Idem.	0,3	0,8	Idem.	0,9	1,3	Idem.
24	—0,1	—0,1	Idem.	—0,7	—0,3	Idem.	—0,9	—0,5	Idem.
25	—2,1	—2,8	Idem.	—2,2	—1,4	Idem.	—1,1	—0,8	Idem.
26	—2,2	—1,8	Idem.	—2,6	—2,0	Idem.	1,0	1,1	Soleil très faible.
27	—1,3	—1,1	Léger brouillard.	0,1	0,4	Soleil très faible.	7,1	7,2	Idem.
28	1,4	1,8	Brouillard.	1,9	2,4	Brouillard.	5,1	5,9	Couvert.
29	—0,5	—0,2	Couvert.	0,8	1,1	Soleil très faible.	7,4	7,9	Soleil faible.
30	6,5	6,8	Idem.	7,1	7,3	Couvert.	8,0	8,7	Demi-couvert.
31	4,5	4,8	Idem.	4,2	5,0	Idem.	5,7	6,5	Idem.
Moyenne.	1,97	2,35		2,21	2,62		4,29	4,76	

MOIS DE FÉVRIER 1882.

TEMPÉRATURE DE L'AIR

A 6 HEURES, 9 HEURES DU MATIN ET 3 HEURES DU SOIR.

Tableau n° 7.

DATE.	6 HEURES DU MATIN.			9 HEURES DU MATIN.			3 HEURES DU SOIR.		
	TEMPÉRATURE du mât.	TEMPÉRATURE au nord.	ÉTAT du CIEL.	TEMPÉRATURE du mât.	TEMPÉRATURE au nord.	ÉTAT du CIEL.	TEMPÉRATURE du mât.	TEMPÉRATURE au nord.	ÉTAT du CIEL.
1	—0,7	—0,4	Demi-couvert.	—0,2	—0,2	Soleil faible.	4,2	3,9	Soleil faible.
2	—3,0	—2,6	Idem.	—1,5	—2,0	Idem.	3,7	3,4	Idem.
3	—1,7	—1,4	Couvert.	—1,1	—0,4	Brouillard.	1,2	1,0	Couvert.
4	—0,1	—0,1	Idem.	—1,0	—0,4	Couvert.	0,1	0,2	Idem.
5	—2,3	—1,9	Idem.	—2,0	—1,4	Idem.	—1,8	—1,1	Idem.
6	—0,9	—0,6	Idem.	—1,0	—0,4	Idem.	2,4	2,8	Idem.
7	—2,3	—2,2	Demi-couvert.	—1,0	—1,1	Soleil faible.	5,0	5,4	Soleil faible.
8	—0,5	—0,3	Idem.	—0,3	0,0	Couvert.	—0,2	0,1	Couvert.
9	—0,7	—0,4	Idem.	—0,5	—0,2	Idem.	—1,0	—0,6	Idem.
10	—2,6	—2,1	Idem.	—1,9	—1,9	Idem.	4,3	4,2	Soleil faible.
11	—2,9	—2,5	Clair.	0,1	0,3	Soleil faible.	9,5	9,7	Idem.
12	2,7	3,0	Couvert.	4,1	4,4	Idem.	10,9	11,0	Idem.
13	0,8	1,0	Idem.	3,0	3,3	Idem.	9,7	10,1	Demi-couvert.
14	7,8	8,0	Idem.	8,8	9,3	Couvert.	11,7	12,5	Couvert.
15	9,8	10,2	Idem.	10,4	10,7	Idem.	9,4	9,8	Pluie.
16	2,3	2,5	Clair.	4,7	4,5	Soleil faible.	8,5	9,0	Soleil faible.
17	8,5	8,8	Couvert	8,6	9,5	Couvert.	9,5	10,7	Couvert.
18	8,2	8,4	Idem.	9,1	9,4	Idem.	10,8	11,0	Idem.
19	4,6	4,9	Demi-couvert.	4,6	5,0	Soleil faible.	7,8	8,1	Soleil faible.
20	3,0	3,3	Idem.	5,0	5,3	Idem.	7,1	7,4	Idem.
21	6,2	6,8	Idem.	7,3	7,6	Couvert.	9,3	9,6	Couvert.
22	6,8	7,0	Couvert.	6,5	6,8	Idem.	9,4	10,2	Soleil faible.
23	2,8	3,1	Brouillard.	3,2	3,4	Brouillard.	8,7	9,3	Idem.
24	1,0	1,2	Clair.	4,3	4,2	Soleil faible.	10,7	10,9	Idem.
25	3,9	4,2	Demi-couvert.	5,8	6,0	Couvert.	15,1	15,9	Soleil faible p. int.
26	10,1	10,4	Couvert.	12,3	12,8	Idem.	12,0	12,6	Pluie.
27	8,5	8,8	Idem.	9,8	10,1	Idem.	13,7	14,2	Soleil faible.
28	8,8	9,1	Nuageux.	9,5	9,8	Soleil très faible.	12,7	13,0	Couvert.
Moyenne.	2,43	2,72		3,80	4,16		7,27	7,60	

MOIS DE MARS 1882.

TEMPÉRATURE DE L'AIR

A 6 HEURES, 9 HEURES DU MATIN ET 3 HEURES DU SOIR.

Tableau n° 8.

DATE.	6 HEURES DU MATIN.			9 HEURES DU MATIN.			3 HEURES DU SOIR.		
	TEMPÉRATURE du mât.	TEMPÉRATURE au nord.	ÉTAT du CIEL.	TEMPÉRATURE du mât.	TEMPÉRATURE au nord.	ÉTAT du CIEL.	TEMPÉRATURE du mât.	TEMPÉRATURE au nord.	ÉTAT du CIEL.
I	8,7	10,0	Tempête.	9,5	9,7	Sol. faible, gr. vent.	9,7	9,8	Giboulées.
2	4,3	5,0	Couvert.	7,0	7,2	Soleil faible.	9,0	9,3	Couvert.
3	4,0	4,4	Idem.	5,4	5,6	Petite pluie.	6,1	6,7	Pluie.
4	5,7	6,0	Idem.	5,3	6,0	Couvert.	8,4	9,0	Soleil faible.
5	1,4	1,9	Clair.	5,8	6,1	Idem.	11,1	11,8	Nuageux.
6	9,2	10,0	Couvert.	11,0	11,6	Demi-couvert.	12,8	13,1	Idem.
7	4,7	5,0	Demi-couvert.	6,1	5,9	Soleil faible.	13,1	13,4	Soleil.
8	11,1	11,4	Couvert.	11,0	11,2	Couvert.	14,6	15,0	Soleil par interv.
9	9,7	10,3	Idem.	12,2	12,6	Idem.	16,3	16,7	Soleil.
10	7,9	8,3	Léger brouillard.	8,1	8,5	Idem.	14,5	14,3	Idem.
11	9,9	10,2	Couvert.	10,0	10,1	Idem.	14,6	14,8	Demi-couvert.
12	11,0	11,3	Idem.	11,5	11,8	Idem.	13,8	14,2	Nuageux.
13	7,4	7,8	Demi-couvert.	9,6	9,8	Soleil faible.	15,0	14,6	Soleil.
14	5,7	6,0	Idem.	9,4	9,3	Idem.	17,0	16,7	Idem.
15	4,8	5,2	Idem.	9,6	9,9	Idem.	17,9	17,6	Idem.
16	6,4	6,8	Idem.	9,6	9,6	Idem.	16,7	16,1	Idem.
17	6,7	7,2	Idem.	10,3	10,6	Idem.	17,8	17,4	Idem.
18	6,4	6,8	Idem.	10,1	10,5	Idem.	19,5	19,2	Idem.
19	5,9	6,2	Idem.	9,4	9,3	Idem.	19,1	19,2	Idem.
20	4,8	5,1	Idem.	10,1	9,9	Idem.	19,9	20,0	Idem.
21	7,4	7,8	Idem.	10,1	10,7	Demi-couvert.	15,1	15,4	Nuageux.
22	2,0	2,4	Idem.	4,5	4,8	Soleil faible.	4,9	5,1	Idem.
23	1,9	2,8	Couvert.	4,1	4,4	Couvert.	6,2	6,5	Soleil faible.
24	2,0	2,2	Demi-couvert.	5,9	6,4	Solei	12,7	13,2	Couvert.
25	9,1	9,8	Idem.	9,9	10,2	Soleil faible.	11,9	12,6	Soleil faible.
26	10,5	11,1	Couvert, vent.	8,9	9,4	Ouragan.	10,2	10,8	Soleil p. int., gr. v.
27	4,0	4,5	Demi-couvert.	7,6	8,0	Nuageux.	11,0	11,8	Demi-couvert.
28	8,0	8,4	Idem.	9,8	10,2	Couvert.	11,7	12,2	Couvert.
29	8,8	9,0	Couvert.	11,6	12,1	Demi-couvert.	12,8	13,6	Idem.
30	8,5	9,0	Idem.	9,4	9,6	Pluie fine.	10,7	11,2	Pluie.
31	6,8	7,0	Demi-couvert.	7,8	8,1	Pluie.	12,0	12,6	Soleil faible.
Moyenne.	6,26	7,10		8,92	8,94		13,10	13,35	

MOIS D'AVRIL 1882.

TEMPÉRATURE DE L'AIR

A 6 HEURES, 9 HEURES DU MATIN ET 3 HEURES DU SOIR.

Tableau n° 9.

DATE.	6 HEURES DU MATIN.			9 HEURES DU MATIN.			3 HEURES DU SOIR.		
	TEMPÉRATURE du mât.	TEMPÉRATURE au nord.	ÉTAT du CIEL.	TEMPÉRATURE du mât.	TEMPÉRATURE au nord.	ÉTAT du CIEL.	TEMPÉRATURE du mât.	TEMPÉRATURE au nord.	ÉTAT du CIEL.
1	3,9	4,2	Demi-couvert.	8,6	8,8	Couvert.	15,7	16,0	Nuageux.
2	4,7	5,0	Idem.	11,0	11,2	Soleil faible.	15,9	16,7	Soleil par interv.
3	6,4	6,8	Soleil faible.	13,6	13,5	Soleil.	20,4	20,2	Soleil, nuageux.
4	8,1	8,4	Idem.	11,1	11,3	Soleil faible.	15,9	16,5	Idem.
5	4,3	4,7	Demi-couvert.	6,5	6,8	Idem.	15,9	16,0	Soleil.
6	7,9	8,1	Idem.	12,4	12,6	Idem.	17,6	17,9	Idem.
7	6,4	6,8	Soleil faible.	11,3	11,9	Idem.	17,4	17,4	Idem.
8	7,0	7,3	Idem.	11,8	12,0	Idem.	18,2	18,5	Idem.
9	5,6	6,1	Idem.	12,5	10,9	Soleil.	16,0	16,0	Idem.
10	5,0	5,5	Demi-couvert.	8,2	8,5	Demi-couvert.	10,9	11,4	Soleil faible.
11	4,4	4,5	Idem.	8,4	8,6	Soleil faible.	12,1	12,5	Demi-couvert.
12	5,1	5,5	Idem.	11,8	11,1	Couvert.	15,5	15,9	Soleil.
13	8,7	9,0	Idem.	11,0	11,5	Idem.	15,1	15,3	Pluie.
14	9,5	9,8	Soleil faible.	11,9	12,6	Pluie.	17,2	17,6	Soleil, nuageux.
15	7,0	7,8	Couvert.	11,3	11,8	Couvert.	12,9	13,0	Demi-couvert.
16	5,3	6,1	Couvert, vent.	7,0	7,4	Soleil très faible.	12,1	12,6	Soleil faible.
17	9,1	9,3	Demi-couvert.	10,4	10,8	Pluie.	17,0	17,3	Idem.
18	8,9	9,4	Idem.	11,8	12,1	Soleil faible.	14,1	14,8	Soleil faible p. int.
19	8,5	8,7	Soleil faible.	12,8	13,6	Idem.	18,3	18,1	Nuageux.
20	9,7	9,9	Demi-couvert.	13,8	14,3	Couvert.	16,5	17,6	Soleil.
21	6,3	6,9	Soleil faible.	13,8	14,7	Soleil faible.	19,8	20,0	Idem.
22	11,8	12,0	Demi-couvert.	18,5	19,1	Idem.	20,9	21,4	Orageux.
23	11,9	12,2	Idem.	14,1	14,4	Presque couvert.	16,1	16,2	Soleil faible.
24	9,5	9,8	Idem.	12,5	12,7	Idem.	15,5	15,5	Nuageux.
25	9,1	9,3	Pluie.	11,3	11,7	Demi-couvert.	12,4	12,7	Pluie.
26	7,0	7,4	Soleil faible.	10,1	10,4	Soleil très faible.	12,4	12,9	Soleil faible.
27	7,3	7,6	Idem.	10,1	10,5	Demi-couvert.	12,1	12,7	Demi-couvert.
28	6,3	6,7	Idem.	8,3	8,5	Pluie.	12,5	13,0	Couvert, vent.
29	7,1	7,3	Idem.	8,1	8,5	Orage.	11,9	12,4	Couvert.
30	6,5	6,7	Soleil faible.	11,4	14,4	Demi-couvert.	15,8	16,0	Nuageux.
Moyenne.	7,28	7,63		11,18	11,44		15,64	15,80	

MOIS DE MAI 1882.

TEMPÉRATURE DE L'AIR

A 6 HEURES, 9 HEURES DU MATIN ET 3 HEURES DU SOIR.

Tableau n° 10.

DATE.	6 HEURES DU MATIN.			9 HEURES DU MATIN.			3 HEURES DU SOIR.		
	TEMPÉRATURE du mât.	TEMPÉRATURE au nord.	ÉTAT du CIEL.	TEMPÉRATURE du mât.	TEMPÉRATURE au nord.	ÉTAT du CIEL.	TEMPÉRATURE du mât.	TEMPÉRATURE au nord.	ÉTAT du CIEL.
1	9,9	10,3	Soleil faible.	13,8	14,1	Demi-couvert.	16,9	17,3	Soleil.
2	6,9	7,1	Idem.	12,9	13,6	Soleil faible.	19,8	20,1	Soleil faible.
3	12,8	13,0	Idem.	16,7	17,8	Idem.	24,4	24,5	Nuageux.
4	15,1	15,4	Couvert.	13,0	13,4	Pluie.	12,8	13,8	Pluie.
5	8,3	8,7	Léger brouillard.	12,9	13,5	Couvert.	17,0	17,4	Couvert.
6	11,3	11,7	Pluie fine.	14,8	15,0	Idem.	18,0	18,8	Soleil, nuageux.
7	9,9	11,2	Soleil faible.	16,2	16,8	Demi-couvert.	20,3	20,0	Orageux.
8	11,9	12,4	Couvert.	15,3	15,6	Soleil très faible.	17,3	17,8	Idem.
9	8,3	9,7	Demi-couvert.	11,3	11,7	Couvert.	15,0	15,3	Soleil.
10	10,4	10,9	Idem.	15,8	16,4	Demi-couvert.	15,5	18,8	Nuageux.
11	11,9	12,3	Soleil faible.	16,1	16,5	Idem.	22,2	22,5	Soleil.
12	12,9	13,6	Idem.	18,6	19,0	Soleil faible.	24,1	24,3	Idem.
13	9,9	10,3	Idem.	15,9	16,1	Idem.	18,5	18,9	Idem.
14	8,9	9,0	Idem.	12,5	12,8	Idem.	16,2	16,1	Idem.
15	6,3	6,6	Idem.	9,9	10,4	Demi-couvert.	13,8	14,0	Couvert.
16	5,7	6,1	Idem.	10,8	11,3	Soleil très faible.	13,7	14,9	Demi-couvert.
17	7,1	7,5	Idem.	11,9	12,1	Idem.	15,5	16,0	Soleil.
18	7,9	8,3	Idem.	13,7	14,1	Idem.	17,1	17,6	Nuageux.
19	9,7	10,2	Idem.	14,7	15,1	Soleil.	18,7	19,0	Soleil.
20	9,9	10,7	Idem.	15,8	16,3	Idem.	19,5	20,2	Nuageux.
21	12,9	13,7	Demi-couvert.	18,9	19,4	Idem.	19,7	20,2	Idem.
22	14,0	14,0	Soleil faible.	19,7	20,2	Idem.	23,0	23,8	Soleil.
23	14,2	14,9	Idem.	18,2	18,4	Nuageux.	19,1	19,4	Nuageux.
24	10,3	10,6	Idem.	18,0	18,4	Soleil faible.	18,9	19,2	Couvert.
25	11,8	12,2	Pluie.	15,0	15,3	Couvert.	14,5	14,9	Orageux.
26	12,5	12,8	Soleil faible.	17,8	18,3	Idem.	18,1	18,8	Nuageux.
27	14,3	14,7	Idem.	19,9	20,4	Soleil très faible.	25,1	25,4	Idem.
28	16,2	16,8	Idem.	21,8	22,2	Soleil faible.	25,1	25,8	Idem.
29	14,3	14,3	Idem.	16,0	16,0	Idem.	18,2	18,0	Pluie.
30	14,7	15,0	Couvert.	16,8	17,0	Couvert.	18,4	18,6	Couvert.
31	12,7	13,2	Idem.	12,9	13,8	Pluie fine.	15,3	15,6	Idem.
Moyenne.	11,03	11,52		15,34	15,86		18,44	19,11	

MOIS DE JUIN 1882.

TEMPÉRATURE DE L'AIR

A 6 HEURES, 9 HEURES DU MATIN ET 3 HEURES DU SOIR.

Tableau n° 11.

DATE.	6 HEURES DU MATIN.			9 HEURES DU MATIN.			3 HEURES DU SOIR.		
	TEMPÉRATURE du mât.	TEMPÉRATURE au nord.	ÉTAT du CIEL.	TEMPÉRATURE du mât.	TEMPÉRATURE au nord.	ÉTAT du CIEL.	TEMPÉRATURE du mât.	TEMPÉRATURE au nord.	ÉTAT du CIEL.
1	11,8	12,2	Soleil faible.	17,1	17,4	Soleil faible.	21,8	22,0	Soleil.
2	15,6	15,8	Demi-couvert.	18,7	19,2	Couvert.	24,1	24,7	Orageux.
3	19,1	19,4	Soleil très faible.	23,9	24,4	Nuageux.	27,6	28,0	Idem.
4	16,0	16,9	Demi-couvert.	19,1	19,3	Couvert.	21,4	21,8	Nuageux.
5	14,2	14,7	Soleil faible.	17,8	18,0	Soleil faible.	21,6	22,2	Soleil très faible.
6	14,8	15,0	Idem.	21,1	21,8	Idem.	27,0	27,3	Soleil.
7	14,9	15,3	Couvert.	15,8	16,4	Couvert.	20,3	20,5	Nuageux.
8	12,4	12,8	Idem.	15,8	16,3	Idem.	19,7	20,3	Idem.
9	14,0	14,3	Pluie fine.	17,2	17,5	Demi-couvert.	19,3	19,9	Soleil faible p. int.
10	12,9	13,3	Demi-couvert.	16,3	17,0	Nuageux.	17,2	17,5	Demi-couvert.
11	12,8	13,6	Couvert.	12,3	12,8	Couvert.	15,9	16,2	Idem.
12	10,9	11,5	Idem	14,1	14,8	Demi-couvert.	11,1	11,8	Pluie.
13	9,5	9,9	Soleil faible.	12,8	13,2	Idem.	15,4	15,8	Soleil faible.
14	12,2	12,7	Couvert.	14,4	15,2	Couvert.	18,1	18,6	Couvert.
15	13,7	14,0	Demi-couvert.	16,0	16,9	Demi-couvert.	17,7	18,0	Demi-couvert.
16	11,8	12,0	Soleil faible.	15,4	15,7	Soleil faible.	19,6	20,0	Soleil par interv.
17	11,2	11,6	Idem.	15,9	16,6	Idem.	20,5	20,9	Soleil.
18	12,0	12,5	Demi-couvert.	15,6	15,9	Couvert.	18,9	19,3	Demi-couvert.
19	12,2	12,7	Idem.	13,9	14,2	Nuageux, pluie.	17,4	18,8	Soleil faible p. int.
20	11,8	12,3	Couvert.	14,9	15,5	Couvert.	18,7	19,5	Couvert.
21	15,3	15,6	Idem.	17,3	17,8	Idem.	22,9	23,8	Nuageux.
22	15,6	15,8	Soleil faible.	21,7	22,0	Soleil faible.	23,4	24,3	Idem.
23	14,8	15,0	Couvert.	16,7	17,6	Couvert.	18,2	18,6	Couvert.
24	14,1	14,5	Pluie.	17,5	17,9	Idem.	20,3	20,3	Soleil.
25	15,1	15,6	Soleil faible.	18,1	18,7	Demi-couvert.	21,0	21,3	Soleil faible.
26	15,6	16,0	Idem.	22,2	23,6	Soleil faible.	22,6	22,0	Soleil.
27	13,3	13,8	Idem.	16,9	17,1	Idem.	22,1	22,7	Idem.
28	14,6	15,0	Idem.	19,3	19,8	Idem.	24,2	24,2	Idem.
29	17,1	17,3	Petite pluie.	19,8	20,1	Couvert.	22,0	22,5	Demi-couvert.
30	16,0	16,2	Couvert.	16,3	16,9	Petite pluie.	21,0	21,6	Nuageux
Moyenne.	13,91	14,31		17,46	17,68		20,43	20,88	

MOIS DE JUILLET 1882.

TEMPÉRATURE DE L'AIR

A 6 HEURES, 9 HEURES DU MATIN ET 3 HEURES DU SOIR.

Tableau n° 12.

DATE.	6 HEURES DU MATIN.			9 HEURES DU MATIN.			3 HEURES DU SOIR.		
	TEMPÉRATURE du mât.	TEMPÉRATURE au nord.	ÉTAT du CIEL.	TEMPÉRATURE du mât.	TEMPÉRATURE au nord.	ÉTAT du CIEL.	TEMPÉRATURE du mât.	TEMPÉRATURE au nord.	ÉTAT du CIEL.
1	13,2	13,7	Couvert.	13,7	14,8	Couvert.	22,3	22,5	Soleil.
2	14,0	14,6	Demi-couvert.	16,9	17,3	Idem.	21,0	21,3	Soleil par interv.
3	15,2	15,9	Soleil faible.	20,0	20,6	Soleil faible.	24,3	24,9	Soleil.
4	15,2	15,7	Idem.	23,7	24,2	Idem.	28,6	29,3	Nuag., soleil p. int.
5	18,6	18,8	Couvert.	18,1	18,4	Couvert.	18,0	18,3	Demi-couvert.
6	15,0	15,2	Idem.	18,9	19,0	Soleil faible.	19,0	19,0	Pluie.
7	14,1	14,4	Idem.	17,5	17,9	Couvert.	18,0	18,2	Idem.
8	14,8	15,2	Idem.	16,7	17,0	Petite pluie.	17,8	18,5	Petite pluie.
9	13,5	13,9	Idem.	16,8	17,0	Couvert.	21,0	21,8	Demi-couvert.
10	13,8	14,1	Soleil faible.	17,1	17,5	Soleil faible.	18,3	18,6	Soleil faible.
11	15,1	15,4	Pluie.	16,1	16,3	Pluie.	20,0	21,9	Demi-couvert.
12	15,1	15,5	Pluie fine.	14,4	15,0	Pluie fine.	18,0	18,8	Demi-couv., vent.
13	13,0	13,6	Soleil faible.	19,1	19,6	Soleil.	25,6	26,1	Soleil.
14	16,8	17,1	Demi-couvert.	19,8	20,5	Couvert.	25,7	26,3	Nuageux.
15	18,9	19,2	Soleil faible.	26,0	26,7	Soleil.	29,0	29,8	Soleil.
16	16,5	16,9	Pluie.	20,6	21,3	Soleil faible.	24,8	25,2	Nuageux.
17	15,8	16,2	Soleil très faible.	17,6	18,2	Nuageux.	22,0	22,5	Idem.
18	16,0	16,7	Couvert.	19,3	20,3	Couvert.	25,7	26,6	Soleil.
19	18,1	18,6	Idem.	23,3	23,8	Soleil faible.	29,0	29,2	Nuageux.
20	15,8	16,6	Demi-couvert.	20,3	20,4	Idem.	22,7	23,4	Soleil.
21	15,0	15,8	Idem.	21,4	21,8	Idem.	24,7	25,1	Soleil par interv.
22	16,3	17,4	Idem.	19,8	20,7	Demi-couvert.	22,2	23,4	Nuageux, vent.
23	16,0	17,4	Idem.	20,3	21,6	Demi-couv., vent.	19,2	19,9	Pluie.
24	14,5	14,4	Idem.	18,4	18,5	Demi-couvert.	21,9	22,0	Demi-couvert.
25	14,8	15,2	Pluie fine.	17,9	18,4	Idem.	17,7	18,4	Pluie.
26	14,0	14,4	Demi-couvert.	17,8	18,5	Soleil faible.	23,8	24,0	Soleil nuag., vent.
27	13,0	13,4	Soleil faible.	16,8	16,8	Idem.	21,6	22,0	Soleil nuageux.
28	14,4	14,7	Demi-couvert.	20,6	20,4	Idem.	22,5	22,7	Couvert.
29	16,2	16,2	Couvert.	19,8	20,0	Idem.	23,2	24,0	Soleil.
30	13,6	13,9	Soleil faible.	17,2	17,4	Soleil très faible.	23,5	24,3	Soleil nuageux.
31	17,2	17,6	Couvert.	19,9	21,0	Couvert.	23,0	23,4	Soleil.
Moyenne.	15,27	15,67		18,05	19,41		22,39	22,95	

MOIS D'AOUT 1882.

TEMPÉRATURE DE L'AIR

A 6 HEURES, 9 HEURES DU MATIN ET 3 HEURES DU SOIR.

Tableau n° 13.

DATE.	6 HEURES DU MATIN.			9 HEURES DU MATIN.			3 HEURES DU SOIR.		
	TEMPÉRATURE du mât.	TEMPÉRATURE au nord.	ÉTAT du CIEL.	TEMPÉRATURE du mât.	TEMPÉRATURE au nord.	ÉTAT du CIEL.	TEMPÉRATURE du mât.	TEMPÉRATURE au nord.	ÉTAT du CIEL.
1	15,0	15,3	Demi-couvert.	19,7	19,9	Soleil faible.	23,0	23,9	Demi-couv., vent.
2	18,8	19,0	Couvert.	20,3	20,8	Couvert.	26,4	25,8	Soleil.
3	17,3	19,8	Idem.	19,9	19,2	Idem.	24,0	23,2	Idem.
4	14,0	14,3	Soleil.	18,1	18,6	Soleil faible.	21,6	21,8	Idem.
5	14,6	14,9	Couvert.	17,8	18,3	Couvert.	21,5	21,8	Couvert.
6	16,0	16,4	Soleil faible.	19,7	20,0	Soleil faible.	25,9	23,8	Soleil.
7	16,0	16,2	Idem.	20,2	20,6	Idem.	23,5	23,8	Couvert.
8	14,0	14,4	Idem.	16,8	17,2	Couvert, vent.	18,7	18,9	Idem.
9	14,6	15,0	Couvert.	16,2	16,8	Couvert.	18,9	19,0	Idem.
10	15,1	15,6	Idem.	15,7	16,9	Idem.	21,0	21,4	Soleil.
11	13,8	14,1	Demi-couvert.	19,6	19,9	Soleil faible.	25,4	25,6	Demi-couvert.
12	17,1	17,6	Soleil faible.	23,2	23,9	Idem.	31,0	31,0	Soleil.
13	20,4	20,6	Orage.	20,0	20,2	Orage.	19,5	19,9	Pluie.
14	16,8	17,2	Couvert.	20,1	20,7	Demi-couvert.	26,8	26,8	Soleil.
15	17,1	17,5	Demi-couvert.	21,1	21,6	Soleil faible.	24,3	24,5	Demi-couvert.
16	12,5	13,0	Soleil faible.	15,0	15,8	Couvert, vent.	17,9	18,7	Couvert, vent.
17	12,4	13,1	Couvert.	16,0	16,4	Couvert.	19,9	20,3	Demi-couvert.
18	13,0	13,6	Idem.	17,1	17,5	Pluie fine.	23,4	23,7	Couvert.
19	18,0	18,5	Idem.	19,7	21,0	Couvert.	23,5	23,8	Demi-couvert.
20	13,5	14,0	Soleil très faible.	16,8	17,2	Soleil faible.	20,8	20,7	Soleil.
21	15,4	15,8	Couvert.	19,1	19,4	Idem.	21,6	21,9	Couvert.
22	14,0	14,5	Soleil faible.	17,7	18,0	Demi-couvert.	20,8	21,0	Soleil faible.
23	17,7	18,0	Couvert, vent.	14,7	15,0	Couvert.	19,4	19,8	Couvert, vent.
24	10,1	10,4	Soleil faible.	15,0	15,4	Soleil faible.	18,8	20,2	Soleil.
25	11,0	11,5	Demi-couvert.	17,0	17,1	Couvert.	16,0	16,2	Pluie.
26	14,1	14,5	Pluie fine.	16,9	17,1	Soleil faible.	17,1	17,6	Soleil faible.
27	13,9	14,4	Demi-couvert.	15,9	16,2	Couvert.	17,3	17,6	Demi-couvert.
28	13,0	13,3	Idem.	15,1	15,6	Idem.	19,9	21,1	Idem.
29	15,5	15,8	Idem.	18,2	18,8	Nuageux, vent.	20,0	20,1	Soleil.
30	13,8	14,2	Idem.	17,0	17,2	Soleil faible.	19,9	20,4	Nuageux.
31	10,1	10,7	Idem.	15,8	16,1	Couvert.	21,0	21,0	Demi-couvert.
Moyenne.	14,79	15,26		17,91	18,33		21,57	21,85	

MOIS DE SEPTEMBRE 1882.

TEMPÉRATURE DE L'AIR

A 6 HEURES, 9 HEURES DU MATIN ET 3 HEURES DU SOIR.

Tableau n° 14.

DATE.	6 HEURES DU MATIN.			9 HEURES DU MATIN.			3 HEURES DU SOIR.		
	TEMPÉRATURE du mât.	TEMPÉRATURE au nord.	ÉTAT du CIEL.	TEMPÉRATURE du mât.	TEMPÉRATURE au nord.	ÉTAT du CIEL.	TEMPÉRATURE du mât.	TEMPÉRATURE au nord.	ÉTAT du CIEL.
1	12,8	13,1	Demi-couvert.	18,2	18,6	Couvert.	23,4	23,7	Soleil.
2	16,9	17,2	Idem.	22,6	22,8	Soleil faible.	25,1	25,8	Idem.
3	17,1	17,4	Idem.	21,0	21,1	Idem.	24,8	25,0	Idem.
4	14,4	14,7	Idem.	17,5	17,9	Idem.	20,9	21,1	Demi-couvert.
5	15,3	15,4	Idem.	18,8	17,3	Couvert.	21,8	21,8	Soleil.
6	17,0	15,4	Pluie fine.	16,5	17,3	Idem.	18,2	18,4	Couvert.
7	15,0	15,5	Couvert.	16,7	17,1	Idem.	19,6	19,9	Demi-couvert.
8	11,8	12,1	Demi-couvert.	15,0	15,2	Soleil faible.	20,4	20,6	Soleil faible.
9	11,5	12,0	Idem.	16,1	16,6	Idem.	21,2	21,5	Couvert.
10	14,8	15,2	Idem.	20,1	20,2	Soleil.	25,9	25,0	Soleil par interv.
11	15,0	15,2	Idem.	15,9	16,4	Couvert.	18,3	18,9	Idem.
12	13,9	14,4	Petite pluie.	15,8	16,5	Idem.	15,3	16,4	Couvert.
13	8,0	8,3	Demi-couvert.	11,9	12,2	Soleil faible.	14,2	14,4	Demi-couvert.
14	7,1	7,4	Idem.	10,6	11,0	Couvert.	12,0	12,4	Pluie.
15	7,0	7,8	Idem.	11,0	11,3	Soleil faible.	14,5	14,8	Demi-couvert.
16	9,5	10,0	Couvert.	12,2	12,7	Idem.	15,9	16,4	Idem.
17	13,0	13,3	Idem.	14,1	14,6	Couvert.	17,6	17,8	Couvert.
18	12,9	13,2	Demi-couvert.	15,8	16,0	Demi-couvert.	17,5	17,9	Idem.
19	12,4	13,0	Couvert.	14,1	14,8	Couvert.	15,0	15,2	Idem.
20	9,0	9,5	Demi-couvert.	12,0	12,4	Idem.	12,9	13,5	Pluie.
21	11,1	11,6	Pluie.	12,9	13,3	Idem.	13,8	13,8	Idem.
22	12,9	13,4	Pluie fine.	14,4	14,8	Demi-couvert.	15,3	15,9	Couvert.
23	10,0	10,4	Demi-couvert.	14,1	14,6	Couvert.	15,9	16,4	Idem.
24	10,0	10,6	Léger brouillard.	13,3	13,8	Demi-couvert.	18,1	18,5	Demi-couvert.
25	8,7	9,0	Demi-couvert.	13,1	13,4	Idem.	17,4	17,8	Soleil faible.
26	11,8	12,0	Couvert.	13,1	13,6	Pluie fine.	17,1	17,6	Pluie fine.
27	10,0	10,8	Pluie fine.	13,8	14,2	Couvert.	16,1	16,8	Demi-couvert.
28	9,1	9,9	Demi-couvert	12,5	12,8	Soleil très faible.	11,7	12,0	Pluie.
29	15,7	15,9	Couvert.	16,0	16,4	Couvert.	19,3	19,6	Idem.
30	10,2	10,8	Idem.	13,6	13,9	Soleil faible.	19,0	19,2	Demi-couvert.
Moyenne.	12,13	12,46		15,27	15,46		17,78	18,30	

MOIS D'OCTOBRE 1882.

TEMPÉRATURE DE L'AIR

A 6 HEURES 9 HEURES DU MATIN ET 3 HEURES DU SOIR.

Tableau n° 15.

DATE.	6 HEURES DU MATIN.			9 HEURES DU MATIN.			3 HEURES DU SOIR.		
	TEMPÉRATURE du mât.	TEMPÉRATURE au nord.	ÉTAT du CIEL.	TEMPÉRATURE du mât.	TEMPÉRATURE au nord.	ÉTAT du CIEL.	TEMPÉRATURE du mât.	TEMPÉRATURE au nord.	ÉTAT du CIEL.
1	14,2	14,6	Demi-couvert.	16,7	17,0	Couvert.	21,1	21,5	Demi-couvert.
2	15,0	15,6	Couvert.	14,8	15,1	Pluie fine.	18,7	18,9	Soleil faible.
3	9,1	9,8	Demi-couvert.	12,8	13,1	Demi-couvert.	15,9	16,2	Nuageux.
4	10,0	10,5	Idem.	12,1	12,7	Soleil faible.	15,7	16,0	Idem.
5	8,0	8,8	Couvert.	11,0	11,4	Couvert.	12,8	13,1	Couvert.
6	9,9	10,2	Idem.	12,9	13,3	Demi-couvert.	15,1	14,9	Idem.
7	8,0	8,8	Léger brouillard.	11,1	11,4	Couvert.	14,0	14,3	Soleil faible.
8	8,8	9,1	Idem.	12,9	13,3	Soleil faible.	19,1	19,4	Idem.
9	9,1	9,5	Demi-couvert.	12,9	13,1	Idem.	18,4	18,8	Couvert.
10	11,0	11,4	Brouillard.	12,1	12,8	Léger brouillard.	19,7	20,8	Nuageux.
11	12,0	13,4	Idem.	15,1	15,8	Soleil faible.	22,5	23,0	Soleil faible.
12	14,5	15,6	Pluie.	13,2	14,3	Pluie.	14,8	15,4	Couvert.
13	7,9	8,4	Demi-couvert.	11,5	12,2	Presque couvert.	15,7	16,0	Nuageux.
14	12,8	13,0	Couvert.	12,2	12,6	Couvert.	12,1	12,6	Couvert.
15	8,9	9,4	Pluie fine.	9,0	9,8	Idem.	11,2	11,4	Idem.
16	9,0	9,9	Couvert.	10,0	10,5	Pluie.	11,5	11,9	Idem.
17	9,8	10,0	Idem.	11,0	11,7	Couvert.	12,7	12,9	Idem.
18	7,8	8,0	Brouillard.	9,4	9,9	Idem.	14,1	14,4	Demi-couvert.
19	6,7	7,0	Couvert.	9,0	9,4	Idem.	12,9	13,3	Couvert.
20	11,0	11,6	Pluie fine.	13,4	13,8	Idem.	15,1	15,6	Soleil faible p. int.
21	9,0	9,1	Couvert.	11,0	11,4	Idem.	13,3	13,8	Petite pluie.
22	15,0	15,8	Idem.	16,1	16,9	Idem.	14,5	14,8	Soleil faible.
23	8,5	8,9	Demi-couvert.	11,0	11,6	Soleil faible.	14,0	14,4	Soleil faible p. int.
24	11,5	11,7	Pluie.	12,5	12,9	Couvert.	13,9	14,4	Idem.
25	6,3	7,0	Demi-couvert.	8,2	8,7	Soleil faible.	11,0	11,4	Idem.
26	8,0	8,4	Couvert.	9,9	9,6	Demi-couvert.	12,8	13,1	Nuageux.
27	9,3	9,6	Idem.	10,0	10,8	Couvert.	11,1	11,7	Couvert.
28	9,1	9,6	Idem.	9,8	10,4	Idem.	12,3	12,6	Idem.
29	9,6	10,0	Pluie.	9,5	10,4	Idem.	11,1	11,4	Idem.
30	2,7	3,2	Léger brouillard.	4,9	5,3	Soleil faible.	11,2	11,8	Idem.
31	10,3	10,6	Couvert.	11,0	11,4	Idem.	14,7	15,0	Soleil faible.
Moyenne.	9,80	10,29		11,50	12,04		14,61	15,03	

MOIS DE NOVEMBRE 1882.

TEMPÉRATURE DE L'AIR

A 6 HEURES, 9 HEURES DU MATIN ET 3 HEURES DU SOIR.

Tableau n° 16.

DATE.	6 HEURES DU MATIN.			9 HEURES DU MATIN.			3 HEURES DU SOIR.		
	TEMPÉRATURE du mât.	TEMPÉRATURE au nord.	ÉTAT du CIEL.	TEMPÉRATURE du mât.	TEMPÉRATURE au nord.	ÉTAT du CIEL.	TEMPÉRATURE du mât.	TEMPÉRATURE au nord.	ÉTAT du CIEL.
1	5,9	6,6	Demi-couvert.	8,4	9,0	Couvert.	15,4	16,0	Nuageux.
2	7,6	8,3	Idem.	10,0	10,6	Soleil faible.	14,1	14,8	Idem.
3	8,7	9,1	Idem.	10,1	10,8	Couvert.	14,0	14,5	Demi-couvert.
4	11,1	11,8	Pluie fine.	12,0	12,4	Pluie fine.	14,5	14,8	Idem.
5	8,8	9,0	Demi-couvert.	11,0	11,3	Couvert.	15,1	15,6	Couvert.
6	10,0	10,5	Idem.	13,7	14,0	Idem.	15,4	15,9	Idem.
7	12,8	13,1	Idem.	13,0	13,4	Idem.	14,9	15,3	Demi-couvert.
8	10,7	11,0	Pluie.	10,5	10,8	Idem.	11,0	11,4	Couvert.
9	8,8	9,0	Couvert.	9,1	9,6	Soleil faible.	12,3	12,6	Demi-couvert.
10	7,9	8,4	Idem.	8,2	8,8	Idem.	11,0	11,9	Nuageux.
11	9,7	10,1	Pluie.	9,0	9,3	Idem.	10,7	10,9	Demi-couvert.
12	4,7	5,0	Couvert.	7,0	7,3	Couvert.	9,9	10,1	Couvert.
13	6,0	7,2	Pluie.	7,4	7,8	Pluie fine.	9,8	10,7	Pluie fine.
14	4,7	5,1	Idem.	5,1	5,6	Pluie.	4,4	4,8	Couvert.
15	3,7	4,3	Couvert.	4,7	5,8	Couvert.	7,0	7,6	Demi-couvert.
16	6,0	6,7	Idem.	5,2	5,9	Soleil très faible.	6,1	6,5	Pluie.
17	4,1	4,8	Idem.	4,8	5,6	Couvert.	5,9	6,4	Couvert.
18	2,6	3,0	Idem.	2,9	3,3	Demi-couvert.	4,7	5,0	Soleil très faible.
19	5,0	5,3	Idem.	7,8	8,5	Pluie fine.	9,8	10,0	Idem.
20	5,2	5,7	Idem.	5,0	5,4	Pluie.	7,3	7,7	Pluie par interv.
21	2,3	2,5	Demi-couvert.	3,0	3,4	Couvert.	7,6	7,8	Soleil très faible.
22	5,1	5,4	Pluie fine.	6,1	6,8	Idem.	12,1	12,4	Couvert.
23	11,9	12,2	Idem.	13,0	13,4	Idem.	14,4	14,8	Idem.
24	11,8	12,4	Pluie, grand vent.	11,1	11,4	Soleil faible.	12,8	13,3	Soleil faible p. int.
25	9,9	10,4	Idem.	11,5	12,3	Pluie fine.	14,0	14,2	Pluie fine.
26	9,9	10,5	Pluie fine.	9,7	10,0	Soleil faible.	10,3	10,8	Soleil très faible.
27	6,0	6,3	Demi-couvert.	6,0	6,4	Idem.	7,1	7,4	Idem.
28	3,8	4,0	Couvert.	5,1	5,3	Idem.	6,8	7,1	Nuageux.
29	3,2	3,6	Demi-couvert.	2,4	4,5	Neige.	7,5	8,2	Couvert.
30	5,0	5,4	Pluie.	3,7	4,1	Pluie très fine.	4,4	4,7	Soleil très faible.
Moyenne.	7,10	7,52		7,88	8,43		10,34	10,77	

Les moyennes mensuelles et annuelles, déduites des *maxima* et des *minima,* indiquent une température moyenne peu différente de la moyenne générale de Paris et un peu inférieure à celle de l'année précédente 1881.

On a en effet :

	1880		1881		1882	
	Thermo-métrogr.	Therm. divers.	Thermo-métrogr.	Therm. divers.	Thermo-mètrogr.	Therm. divers.
Hiver : (décembre, janvier, février). . . .	—0,44	—0,68	3,73	3,80	3,11	3,02
Printemps : (mars, avril, mai).	11,68	11,75	10,82	10,84	11,62	11,84
Été : (juin, juillet, août)	18,90	18,84	19,40	19,26	17,63	17,46
Automne : (sept., oct., nov.)	11,48	11,46	10,71	10,67	11,51	11,61
Année moyenne.	10,40	10,34	11,16	11,14	10,97	10,93

Au printemps et en automne, la température a été assez élevée, mais pendant l'été la moyenne a été relativement plus basse qu'à l'ordinaire.

Les températures moyennes mensuelles et annuelles, déduites des observations des thermomètres placés au nord et de celles faites au haut du mât, corrigées du déplacement du zéro thermométrique, ont donné, en 1882, une moyenne annuelle :

	Au haut du mât.	Au nord.
6ʰ du matin.	8,18	8,36
9ʰ du matin.	10,57	10,66
3ʰ du soir.	13,72	13,85
Moyenne.	10,82	10,96

Et la moyenne 10,9 est à peu près la même que celle qui est déduite des observations des *maxima* et des *minima*. La température au haut du mât, à 10 mètres au-dessus des autres appareils, est, comme les années précédentes, un peu plus faible que la température moyenne au nord.

Les observations de température à diverses profondeurs dans la terre ont donné les résultats suivants : les températures indiquées ne sont pas corrigées de la variation du zéro du thermomètre ; la correction n'est faite que dans le résumé qui suit les tableaux.

TEMPÉRATURES

A DIVERSES PROFONDEURS.

Tableau n° 17.

DATE.		36 mètres.	31 mètres.	26 mètres.	21 mètres.	16 mètres.	11 mètres.	6 mètres.	2 mètres.	1 mètres.	Température de l'air dans la salle d'observation.
Décembre 1881..	12	12,50	12,31	12,11	12,09	12,00	12,09	12,57	11,15	6,89	1,20
	26	12,51	12,40	12,00	12,34	12,27	12,17	11,94	11,90	5,75	0,80
Janvier 1882...	13	11,60	11,65	11,50	11,60	11,43	11,30	11,50	8,30	7,90	6,50
	26	11,30	10,35	10,20	10,60	10,35	10,31	10,23	7,70	6,10	0,21
Février 1882...	12	11,70	11,15	10,20	10,60	10,51	10,31	10,00	5,95	5,00	1,50
	26	11,89	11,15	10,31	10,60	10,91	11,15	10,05	6,35	6,50	9,38
Mars 1882	13	12,30	12,15	12,21	12,00	11,90	11,80	11,20	7,10	6,90	12,10
	26	11,45	11,50	11,85	11,75	11,61	11,41	11,20	8,90	8,05	9,50
Avril 1882	12	13,40	13,25	13,50	13,20	13,30	13,00	11,90	9,40	10,20	16,00
	26	12,81	13,07	12,95	13,00	13,33	12,67	11,81	10,05	10,15	13,10
Mai 1882.....	13	13,80	13,60	14,00	13,70	13,75	13,50	12,30	10,40	12,65	21,00
	26	13,05	13,31	13,65	13,30	13,20	12,90	12,75	11,60	14,20	18,80
Juin 1882.....	12	12,75	12,55	12,70	12,75	12,67	12,25	12,30	13,00	15,20	18,30
	26	13,10	13,40	13,70	13,20	13,60	13,38	12,40	13,05	15,80	23,80
Juillet 1882....	13	13,00	12,93	13,21	12,20	12,90	12,60	12,60	13,60	16,10	16,50
	26	12,78	2,58	13,17	12,31	12,97	12,60	13,71	15,51	17,40	21,40
Août 1882.....	12	12,59	12,85	13,15	12,40	13,05	12,61	13,30	15,60	18,00	19,40
	26	12,67	12,60	13,30	12,21	12,85	12,60	13,15	16,50	18,00	17,50
Septembre 1882 .	12	12,85	13,30	13,05	12,17	12,70	12,35	12,95	16,15	17,70	17,20
	26	12,65	12,85	13,00	12,15	12,70	12,41	12,77	15,81	16,56	14,20
Octobre 1882...	12	12,60	12,58	12,71	12,80	12,60	12,40	12,70	13,65	14,85	15,10
	26	12,60	12,65	12,55	12,70	12,51	12,40	12,60	13,15	14,71	12,60
Novembre 1882..	12	12,30	12,00	11,80	11,95	11,60	12,00	11,80	11,75	10,95	9,30
	26	12,50	12,35	12,15	12,50	12,10	12,00	11,99	11,80	11,05	11,50
MOYENNE ANNUELLE :											
Température observée.		12,55	12,45	12,46	12,25	12,37	12,22	12,05	11,59	12,03	12,90
Température corrigée de la variation du zéro.		12,45	12,35	12,36	12,15	12,27	12,12	11,95	11,49	11,93	12,80

On peut remarquer encore les mêmes anomalies mensuelles des variations de température qui avaient été observées pendant les deux années précédentes aux grandes profondeurs; nous espérons pouvoir les faire disparaître bientôt en changeant complètement dans le kiosque le mode de jonction entre les extrémités des câbles et les fils du galvanomètre. Néanmoins, en moyenne annuelle, il y a eu à peu près compensation, comme on peut le voir par le résumé suivant :

PROFONDEUR.	TEMPÉRATURE moyenne annuelle en 1882.	TEMPÉRATURE moyenne annuelle des 14 années précédentes.
1^m	11,93	11,25
2^m	11,49	»
6^m	11,95	11,91
11^m	12,12	12,01
16^m	12,27	12,10
21^m	12,15	12,13
26^m	12,36	12,38
31^m	12,35	12,34
36^m	12,45	12,44

A partir de 20 mètres, les résultats moyens sont à peu près identiques en 1882 et pendant les années précédentes.

On voit que la température moyenne augmente avec la profondeur dans le sol, et qu'à 26 mètres, où se trouve la plus forte des deux nappes d'eau souterraines qui se dirigent vers la Seine, sous le sol du Muséum, la température est modifiée et plus élevée qu'à 31 mètres, de

même que les années précédentes. A 16 mètres, où se
trouve une autre nappe d'eau souterraine, cet effet a
été également fort appréciable cette année, alors qu'il
l'avait moins été l'année dernière. Ces différences tiennent
à la plus ou moins grande abondance d'eau tombée sur le
sol, ainsi qu'aux époques où cette chute a eu lieu.

OBSERVATIONS SOUS DEUX SOLS, L'UN DENUDÉ, L'AUTRE GAZONNÉ.

Les observations sont faites au moyen de deux câbles
particuliers dont les soudures sont disposées de 5 centimètres en 5 centimètres au-dessous de deux sols : l'un
pierreux, qui est le sol d'une allée, et l'autre couvert de
gazon. Les tableaux qui suivent donnent les températures
directement observées. La correction du déplacement du
zéro thermométrique, $+ 0°,10$, n'a été faite que dans le
tableau résumé page 49.

MOIS DE DÉCEMBRE 1881.

CABLES THERMO-ÉLECTRIQUES.

6 HEURES DU MATIN.

Tableau n° 18.

DATE.	SOL GAZONNÉ. CABLE DE 33 MÈTRES.					SOL DÉNUDÉ ET SABLÉ. CABLE DE 23 MÈTRES.					ÉTAT DU CIEL.
	SOUDURE N° 1. Profondeur 0m05.	SOUDURE N° 2. Profondeur 0m10.	SOUDURE N° 3. Profondeur 0m20.	SOUDURE N° 4. Profondeur 0m30.	SOUDURE N° 5. Profondeur 0m60.	SOUDURE N° 1. Profondeur 0m05.	SOUDURE N° 2. Profondeur 0m10.	SOUDURE N° 3. Profondeur 0m20.	SOUDURE N° 4. Profondeur 0m30.	SOUDURE N° 5. Profondeur 0m60.	
1	6,60	6,85	7,20	7,43	7,40	4,40	4,70	5,15	5,97	6,95	Léger brouillard.
2	5,61	6,25	7,00	7,45	7,40	2,05	3,10	3,35	5,61	7,00	Idem.
3	5,25	5,40	6,15	6,59	6,85	2,60	3,40	4,05	4,83	6,30	Idem.
4	5,15	5,20	5,85	6,00	6,95	3,00	3,41	3,90	4,40	5,91	Couvert.
5	4,11	4,50	4,93	5,59	6,71	1,60	2,05	2,71	3,71	5,00	Idem.
6	5,10	5,30	5,40	5,70	6,41	4,15	3,90	4,10	4,70	5,70	Pluie fine.
7	5,17	5,41	5,50	5,70	6,58	4,75	4,75	4,71	5,00	5,75	Demi-couvert.
8	4,10	4,81	5,10	5,63	6,17	2,10	2,75	3,85	4,90	5,61	Couvert.
9	4,40	5,10	5,85	6,30	6,95	2,70	2,84	3,85	4,51	6,20	Idem.
10	5,00	5,40	5,85	6,30	6,70	1,90	2,25	3,50	4,20	5,35	Idem.
11	4,90	5,30	5,50	5,76	6,21	3,00	3,20	3,37	4,35	5,50	Idem.
12	3,00	3,67	4,23	4,58	5,84	1,50	1,80	2,70	3,35	4,60	Idem.
13	3,13	3,30	3,87	4,50	4,91	1,75	2,07	2,57	3,05	4,22	Demi-couvert.
14	2,80	3,05	3,75	4,27	4,76	1,90	2,15	2,60	3,05	4,17	Idem.
15	2,50	2,60	3,27	3,65	4,17	1,70	1,95	2,21	2,60	3,09	Couvert.
16	2,51	2,75	3,11	3,60	4,05	1,80	2,03	2,35	2,75	3,10	Idem.
17	3,75	4,20	4,50	4,75	4,80	1,75	1,65	2,80	3,35	4,45	Idem.
18	5,20	5,00	4,85	4,65	5,85	5,90	5,40	4,80	4,20	4,70	Pluie, ouragan.
19	4,25	4,40	4,50	4,67	4,71	3,75	3,90	4,20	4,75	4,90	Demi-couvert.
20	4,20	4,40	4,57	4,71	5,00	3,80	3,92	4,31	4,75	4,85	Pluie.
21	4,15	4,22	4,31	4,60	4,91	2,25	3,10	3,93	4,28	4,75	Ouragan, clair.
22	3,55	3,60	4,00	4,50	4,75	1,00	1,75	3,10	3,85	4,50	Demi-couvert.
23	3,80	3,45	3,56	4,00	4,91	0,80	1,50	2,35	3,10	4,30	Clair, vent.
24	2,60	3,50	3,60	4,25	4,80	0,75	1,36	1,90	2,42	4,30	Brouillard.
25	1,20	1,45	2,05	3,07	3,78	0,15	0,35	1,15	1,80	3,75	Clair.
26	1,11	1,90	2,45	3,10	4,20	—1,05	0,10	0,60	1,15	3,65	Léger brouillard.
27	1,00	1,70	2,05	2,65	3,14	—0,10	0,10	0,65	1,15	2,80	Petite pluie.
28	1,70	2,00	2,50	2,85	3,81	0,11	0,40	0,80	1,25	2,95	Couvert.
29	0,95	1,50	1,99	2,51	3,13	0,00	0,20	0,61	1,15	2,51	Brouillard.
30	1,00	1,50	1,75	1,95	2,70	—0,40	0,15	0,50	0,85	2,00	Idem.
31	0,31	0,80	1,25	1,70	2,31	—1,40	—0,80	0,40	0,73	1,83	Demi-couvert.
Moy.	3,51	3,76	4,40	4,61	5,19	1,88	2,24	2,81	3,41	4,56	

MOIS DE DÉCEMBRE 1881.

CABLES THERMO-ÉLECTRIQUES.

3 HEURES DU SOIR.

Tableau n° 19.

DATE.	SOL GAZONNÉ. CABLE DE 33 MÈTRES.					SOL DÉNUDÉ ET SABLÉ. CABLE DE 23 MÈTRES.					ÉTAT DU CIEL.
	SOUDURE N° 1. Profondeur 0m05.	SOUDURE N° 2. Profondeur 0m10.	SOUDURE N° 3. Profondeur 0m20.	SOUDURE N° 4. Profondeur 0m30.	SOUDURE N° 5. Profondeur 0m60.	SOUDURE N° 1. Profondeur 0m05.	SOUDURE N° 2. Profondeur 0m10.	SOUDURE N° 3. Profondeur 0m20.	SOUDURE N° 4. Profondeur 0m30.	SOUDURE N° 5. Profondeur 0m60.	
1	6,40	6,60	6,90	7,10	7,81	5,75	5,40	5,40	5,80	7,30	Soleil faible.
2	5,30	6,60	6,50	5,91	7,50	3,90	3,80	4,10	4,75	5,83	Idem.
3	5,30	5,70	6,25	6,70	8,00	4,00	4,10	4,45	4,85	6,63	Couvert.
4	5,20	5,60	6,20	6,70	7,09	3,20	3,55	4,28	4,90	6,25	Idem.
5	4,30	5,00	5,21	5,90	6,90	3,20	3,25	3,50	4,20	6,00	Pluie fine.
6	5,40	5,60	5,75	5,85	6,55	5,35	5,20	4,60	4,70	5,65	Couvert.
7	5,85	5,90	6,10	6,50	7,15	5,75	5,50	5,12	5,10	6,00	Idem.
8	4,45	4,90	5,60	6,20	7,00	2,85	3,00	3,40	4,30	5,75	Soleil faible.
9	4,85	5,05	5,65	6,20	6,10	4,05	3,90	3,85	4,35	5,75	Couvert.
10	4,80	5,10	5,50	5,95	6,70	3,52	3,50	3,70	4,30	5,55	Idem.
11	4,70	5,00	5,40	5,85	6,60	3,85	3,60	3,80	4,25	5,45	Idem.
12	3,15	3,27	3,60	2,90	5,00	2,25	2,20	2,50	3,00	4,70	Idem.
13	3,50	3,10	4,80	4,20	6,30	2,05	2,35	2,80	3,30	5,00	Soleil très faible.
14	3,80	3,85	4,40	5,00	5,75	2,85	2,80	2,85	3,80	4,60	Couvert.
15	3,25	3,41	4,25	4,70	5,40	2,20	2,40	2,70	2,90	4,45	Idem.
16	4,25	4,40	4,80	5,00	5,20	2,90	3,00	3,10	3,40	4,85	Idem.
17	3,70	3,77	4,40	5,18	5,80	3,75	3,20	3,10	3,40	4,70	Pluie fine.
18	5,90	5,85	5,50	5,40	5,80	6,30	6,30	6,00	5,35	4,95	Demi-couvert.
19	4,85	4,95	5,05	5,70	6,30	4,52	4,65	4,80	4,80	5,65	Soleil très faible.
20	4,50	4,00	4,30	4,70	5,40	4,90	4,50	4,20	3,60	4,60	Pluie, ouragan.
21	4,00	4,15	4,95	5,40	6,00	3,05	3,35	3,60	3,97	5,20	Soleil faible.
22	3,11	3,70	4,40	4,85	5,50	1,10	1,40	2,31	3,10	4,70	Petite pluie.
23	2,70	3,10	3,90	4,45	5,50	1,00	1,70	1,70	3,45	4,30	Soleil très faible.
24	2,10	2,27	3,30	4,00	5,20	0,30	0,65	1,35	2,00	3,90	Idem.
25	1,15	2,05	2,90	3,65	4,61	—0,05	0,35	1,00	2,00	3,55	Idem.
26	1,16	1,97	2,75	3,65	4,00	0,15	0,35	0,70	1,38	3,00	Demi-couvert.
27	1,30	1,70	2,40	3,10	4,60	0,00	0,10	0,75	1,40	3,25	Couvert.
28	1,35	2,00	2,70	3,10	4,20	0,00	0,05	0,60	1,30	2,95	Idem.
29	1,10	1,45	1,81	3,85	4,10	—0,11	0,15	0,91	1,08	2,80	Brouillard.
30	1,35	1,60	2,00	2,70	4,10	—0,25	0,10	0,55	1,10	2,60	Soleil faible.
31	1,20	1,50	1,90	2,60	3,80	—0,55	0,10	0,40	0,90	2,40	Idem.
Moy.	3,68	3,97	4,48	4,99	5,83	2,61	2,72	3,00	3,44	4,82	

MOIS DE JANVIER 1882.

CABLES THERMO-ÉLECTRIQUES.

6 HEURES DU MATIN.

Tableau n° 20.

DATE.	SOL GAZONNÉ. CABLE DE 33 MÈTRES.					SOL DÉNUDÉ ET SABLÉ. CABLE DE 23 MÈTRES.					ÉTAT DU CIEL.
	SOUDURE N° I. Profondeur 0m05.	SOUDURE N° 2. Profondeur 0m10.	SOUDURE N° 3. Profondeur 0m20.	SOUDURE N° 4. Profondeur 0m30.	SOUDURE N° 5. Profondeur 0m60.	SOUDURE N° I. Profondeur 0m05.	SOUDURE N° 2. Profondeur 0m10.	SOUDURE N° 3. Profondeur 0m20.	SOUDURE N° 4. Profondeur 0m30.	SOUDURE N° 5. Profondeur 0m60.	
1	0,20	0,71	1,15	1,60	2,00	—1,00	—0,70	0,40	0,70	1,77	Clair.
2	0,51	0,98	1,31	2,15	3,50	—0,30	—0,01	0,35	0,70	1,58	Demi-couvert.
3	1,60	1,65	1,51	2,31	3,70	1,30	1,38	0,42	0,80	2,75	Couvert, vent.
4	2,75	2,60	2,80	2,85	3,35	1,05	1,50	1,60	2,20	2,61	Demi-couvert.
5	1,30	2,25	2,64	2,73	3,11	0,51	1,71	1,60	2,07	2,51	Couvert.
6	2,65	2,55	2,51	2,50	3,40	3,25	3,27	2,70	2,20	2,70	Idem.
7	4,10	3,80	3,50	3,41	3,50	4,20	4,50	4,25	3,70	3,05	Pluie.
8	2,40	2,65	3,05	3,40	3,00	1,00	1,67	2,40	2,60	2,81	Clair.
9	3,27	3,36	3,20	3,40	3,95	3,20	3,19	3,00	3,30	3,80	Couvert.
10	2,20	2,50	2,71	2,89	3,95	1,40	1,70	2,25	2,60	2,75	Clair.
11	1,50	2,00	2,15	2,50	3,15	0,50	0,90	1,60	2,50	2,75	Couvert.
12	3,42	3,50	3,30	3,45	3,85	3,61	3,35	3,40	3,20	3,80	Idem.
13	4,50	4,60	4,10	4,05	4,35	4,35	4,52	4,17	4,25	4,30	Idem.
14	2,35	2,50	2,35	2,50	2,63	2,10	2,15	2,30	2,55	2,91	Idem.
15	2,00	2,05	2,00	2,10	2,50	1,60	1,80	2,00	2,20	2,80	Brouillard.
16	1,80	1,95	2,00	2,05	2,38	1,50	1,55	1,70	1,85	2,00	Couvert.
17	2,53	2,70	2,80	3,10	3,50	1,20	1,60	2,30	2,50	3,00	Idem.
18	2,15	2,23	2,51	2,71	3,00	0,20	0,65	1,53	2,00	2,75	Idem.
19	1,50	1,71	1,84	2,40	2,81	0,15	0,70	1,30	1,80	2,11	Idem.
20	1,40	1,61	1,67	2,00	2,22	0,21	0,77	1,07	1,41	2,00	Idem.
21	1,25	1,49	1,57	1,95	2,70	—0,15	0,50	0,97	1,39	1,92	Idem.
22	1,60	1,70	1,81	2,01	2,50	—0,37	0,57	1,05	1,40	2,05	Couvert.
23	1,00	1,38	1,77	1,89	2,15	0,10	0,24	1,00	1,27	2,05	Idem.
24	0,54	1,11	1,19	1,25	2,10	—0,51	—0,30	0,31	0,40	1,50	Idem.
25	0,41	0,80	1,10	1,17	1,75	—0,80	—0,55	0,12	1,45	1,40	Idem.
26	0,15	0,45	0,57	1,00	1,60	—1,01	—0,62	0,10	1,41	1,27	Idem.
27	0,45	0,75	0,90	1,15	1,40	—1,15	—0,70	0,31	0,50	1,30	Léger brouillard.
28	0,35	0,57	0,65	1,40	2,00	—0,77	—0,61	0,05	0,65	1,57	Brouillard.
29	0,35	0,51	0,60	1,27	1,90	—0,85	—0,68	0,05	0,51	1,53	Couvert.
30	0,90	1,00	0,30	1,41	2,65	—0,25	—0,40	0,00	0,20	1,40	Idem.
31	1,80	1,95	1,90	2,10	3,05	1,80	1,90	0,85	1,70	1,97	Idem.
Moy.	1,71	1,92	2,03	2,88	2,83	0,97	1,11	1,49	1,74	2,35	

MOIS DE JANVIER 1882.

CABLES THERMO-ÉLECTRIQUES.

3 HEURES DU SOIR.

Tableau n° 21.

DATE.	SOL GAZONNÉ. CÂBLE DE 33 MÈTRES.					SOL DÉNUDÉ ET SABLÉ. CABLE DE 23 MÈTRES.					ÉTAT DU CIEL.
	SOUDURE N° 1. Profondeur 0m05.	SOUDURE N° 2. Profondeur 0m10.	SOUDURE N° 3. Profondeur 0m20.	SOUDURE N° 4. Profondeur 0m30.	SOUDURE N° 5. Profondeur 0m60.	SOUDURE N° 1. Profondeur 0m05.	SOUDURE N° 2. Profondeur 0m10.	SOUDURE N° 3. Profondeur 0m20.	SOUDURE N° 4. Profondeur 0m30.	SOUDURE N° 5. Profondeur 0m60.	
1	1,00	1,35	2,00	2,50	3,15	—0,50	—0,05	0,40	0,61	2,55	Soleil faible.
2	1,15	1,30	1,75	2,20	3,65	—0,05	0,00	0,31	0,50	2,10	Couvert.
3	2,85	2,45	2,40	2,60	3,60	3,10	1,70	0,90	0,85	2,30	Petite pluie.
4	2,30	2,20	2,70	2,95	3,71	2,00	1,70	1,60	1,75	2,80	Soleil faible.
5	1,95	3,00	2,40	2,71	3,80	2,00	1,30	1,25	1,60	2,70	Couvert.
6	4,20	3,70	3,05	3,20	3,80	4,00	4,20	3,40	3,00	3,10	Idem.
7	5,40	5,00	4,00	3,90	4,20	6,70	6,50	4,85	4,60	4,00	Soleil faible, vent.
8	3,70	4,05	2,95	3,90	4,35	3,46	3,00	3,00	3,55	4,00	Soleil faible.
9	3,90	3,80	3,60	3,80	4,00	5,80	4,60	3,90	3,80	4,00	Demi-couvert.
10	2,80	3,20	3,10	3,60	4,60	2,70	2,40	2,45	3,05	4,60	Idem.
11	3,10	2,95	3,35	3,70	4,45	4,40	3,11	2,80	2,90	4,30	Couvert.
12	4,30	4,15	4,05	4,10	4,50	5,40	5,05	4,50	4,20	4,30	Idem.
13	3,70	3,75	3,80	3,95	4,10	3,90	4,00	4,20	4,50	4,55	Idem.
14	3,40	3,50	3,60	4,15	4,25	3,20	3,40	3,55	3,70	4,30	Idem.
15	3,20	3,00	2,65	2,70	2,95	3,10	3,15	3,21	3,30	3,60	Léger brouillard.
16	1,85	2,10	2,23	2,50	2,75	1,63	1,77	1,97	2,15	2,57	Couvert.
17	2,34	2,45	2,50	3,85	4,10	1,00	1,80	1,90	2,40	3,80	Idem.
18	1,77	1,85	3,00	3,15	3,70	0,50	0,95	1,80	3,20	3,07	Idem.
19	1,70	2,50	2,90	3,10	3,30	0,60	0,90	1,50	2,00	3,17	Idem.
20	1,63	2,10	2,52	2,91	3,55	0,00	0,05	0,85	1,35	3,15	Idem.
21	1,82	2,05	3,00	3,40	4,10	0,40	0,90	1,70	2,11	3,00	Idem.
22	1,07	1,70	2,25	2,51	3,00	0,17	0,45	1,10	1,35	2,60	Idem.
23	1,60	2,00	2,40	2,75	3,80	0,40	0,65	1,10	1,61	2,75	Idem.
24	1,45	1,80	2,10	2,00	2,61	0,40	0,50	1,07	1,30	2,65	Idem.
25	1,20	1,50	1,51	2,07	2,75	0,25	0,50	0,90	1,31	1,91	Idem.
26	1,30	1,40	1,95	2,10	2,50	0,30	0,60	0,90	1,45	2,15	Soleil très faible.
27	0,95	1,30	1,65	2,10	3,35	—0,12	—0,05	0,60	1,25	2,30	Idem.
28	0,91	1,00	1,60	2,16	3,20	0,08	0,20	0,40	0,91	2,20	Couvert.
29	1,25	1,20	1,90	2,40	3,40	0,10	0,33	0,95	1,10	2,27	Soleil faible.
30	2,00	2,30	2,50	2,40	3,21	1,51	1,20	1,17	1,40	2,30	Demi-couvert.
31	3,20	3,25	3,17	3,15	3,70	3,01	2,90	2,07	2,05	3,15	Idem.
Moy.	2,35	2,55	2,69	2,98	3,45	1,93	1,86	1,96	2,21	3,08	

MOIS DE FEVRIER 1882.

CABLES THERMO-ÉLECTRIQUES.

6 HEURES DU MATIN.

Tableau n° 22.

DATE.	SOL GAZONNÉ. CABLE DE 33 MÈTRES.					SOL DÉNUDÉ ET SABLÉ. CABLE DE 23 MÈTRES.					ÉTAT DU CIEL.
	SOUDURE N° 1 Profondeur 0m 05.	SOUDURE N° 2, Profondeur 0m 10.	SOUDURE N° 3, Profondeur 0m 20.	SOUDURE N° 4, Profondeur 0m 30.	SOUDURE N° 5, Profondeur 0m 60.	SOUDURE N° 1, Profondeur 0m 05.	SOUDURE N° 2, Profondeur 0m 10.	SOUDURE N° 3, Profondeur 0m 20.	SOUDURE N° 4, Profondeur 0m 30.	SOUDURE N° 5, Profondeur 0m 60.	
1	0,80	1,50	2,00	2,50	2,70	—0,45	—0,95	1,55	1,90	2,20	Demi-couvert.
2	0,25	0,64	1,05	1,61	2,00	—0,70	—0,20	0,40	0,51	1,21	Idem.
3	0,10	0,51	0,91	1,52	1,94	—0,95	—0,35	0,31	0,45	1,17	Couvert.
4	0,25	0,80	1,10	1,50	2,50	—0,80	—0,60	0,21	1,05	1,50	Idem.
5	0,60	0,85	1,00	1,11	2,25	—0,07	0,20	0,51	0,67	1,31	Idem.
6	0,20	0,45	0,60	1,20	1,80	—0,30	—0,20	0,15	0,30	1,20	Idem.
7	0,60	0,63	0,80	1,00	1,61	—0,65	—0,31	0,15	0,35	1,20	Demi-couvert.
8	0,65	0,85	1,08	1,41	1,70	—0,70	—0,40	0,30	0,42	1,20	Idem.
9	0,81	1,00	1,10	1,38	1,70	—0,50	+0,25	0,50	0,67	1,17	Idem.
10	0,30	0,89	1,10	1,17	1,48	—0,70	—0,41	0,28	0,51	1,05	Idem.
11	—0,20	0,05	0,54	1,00	1,31	—1,40	—0,81	—0,80	0,50	1,05	Clair.
12	—0,10	0,00	0,57	1,00	1,80	—0,53	—0,45	—0,20	0,10	1,15	Couvert.
13	0,20	0,37	0,51	1,00	1,77	0,08	0,30	0,41	0,51	1,17	Idem.
14	0,30	0,38	1,00	1,15	1,69	0,12	0,21	0,87	1,07	1,40	Idem.
15	0,25	0,21	0,30	0,17	1,45	1,50	0,85	1,00	1,10	1,00	Idem.
16	2,15	2,10	1,90	1,84	1,79	1,75	1,84	2,15	2,20	2,00	Clair.
17	2,20	2,29	1,90	2,00	2,20	3,80	3,35	2,21	2,39	2,20	Couvert.
18	2,17	2,25	2,11	2,10	2,15	4,60	3,80	3,50	3,05	2,71	Idem.
19	4,50	4,05	3,50	2,91	2,95	4,80	3,95	3,71	3,21	2,91	Demi-couvert.
20	2,10	2,18	2,25	2,35	2,20	1,70	2,00	2,30	2,45	2,50	Idem.
21	3,80	3,69	3,75	3,85	3,88	4,15	3,95	3,95	4,01	5,20	Idem.
22	5,90	4,05	4,15	4,31	4,45	5,90	5,05	4,79	5,05	5,10	Couvert.
23	2,51	2,60	3,15	3,50	4,61	2,00	2,25	2,71	3,35	4,00	Brouillard.
24	1,55	2,50	2,85	3,00	3,20	1,10	1,25	1,50	2,80	3,37	Clair.
25	2,75	2,95	3,09	3,20	3,37	2,65	2,70	2,85	2,95	3,40	Demi-couvert.
26	4,40	3,54	3,75	4,00	4,10	5,15	5,20	4,70	4,60	4,50	Couvert.
27	5,80	5,40	4,70	4,71	4,30	6,80	6,41	5,51	5,50	5,45	Idem.
28	5,70	5,45	4,81	5,00	4,51	6,10	5,90	5,81	5,38	5,17	Nuageux.
Moy.	1,77	1,86	1,98	2,19	2,56	1,58	1,80	1,84	2,04	2,42	

MOIS DE FÉVRIER 1882.

CABLES THERMO-ÉLECTRIQUES.

3 HEURES DU SOIR.

Tableau n° 23.

DÀTE.	SOL GAZONNÉ. CABLE DE 33 MÈTRES.					SOL DÉNUDÉ ET SABLÉ. CABLE DE 23 MÈTRES.					ÉTAT DU CIEL.
	SOUDURE No 1. Profondeur 0m05.	SOUDURE No 2. Profondeur 0m10.	SOUDURE No 3. Profondeur 0m20.	SOUDURE No 4. Profondeur 0m30.	SOUDURE No 5. Profondeur 0m60.	SOUDURE No 1. Profondeur 0m05.	SOUDURE No 2. Profondeur 0m10.	SOUDURE No 3. Profondeur 0m20.	SOUDURE No 4. Profondeur 0m30.	SOUDURE No 5. Profondeur 0m60.	
1	1,82	2,20	2,70	3,10	3,70	0,50	1,00	1,70	1,90	3,00	Soleil faible.
2	1,43	1,61	2,38	2,80	3,00	0,20	0,60	1,10	1,70	2,50	Idem.
3	1,30	1,45	2,25	2,75	3,40	0,25	0,42	0,90	1,45	2,31	Couvert.
4	1,25	1,40	2,10	2,40	3,20	0,30	0,60	0,90	1,42	2,30	Idem.
5	1,00	1,15	1,25	2,35	2,70	0,10	0,30	0,90	1,20	2,30	Idem.
6	0,71	0,80	0,90	1,90	2,30	—0,12	—0,10	0,45	0,85	2,15	Idem.
7	0,60	0,80	1,38	1,71	2,80	—0,30	—0,30	0,25	0,60	1,75	Soleil faible.
8	0,70	0,93	1,25	1,70	2,25	—0,30	—0,11	0,20	0,57	1,61	Couvert.
9	0,50	0,60	1,30	1,60	2,05	—0,18	—0,10	0,40	0,60	1,50	Idem.
10	0,60	0,72	1,30	1,70	2,40	—0,35	—0,42	0,10	0,00	1,45	Soleil faible.
11	0,55	0,75	1,35	1,65	2,65	—0,40	—0,40	—0,05	0,50	1,55	Idem.
12	0,55	0,60	1,30	1,75	2,60	0,20	0,10	0,14	0,50	1,47	Idem.
13	1,00	1,05	1,30	1,80	2,15	0,50	0,71	0,50	0,60	2,00	Demi-couvert.
14	0,50	0,75	1,00	1,50	2,30	4,60	1,00	0,30	0,45	1,50	Couvert.
15	3,40	2,70	2,15	2,10	2,60	7,40	6,45	4,08	3,30	2,45	Pluie.
16	5,40	3,10	2,80	2,70	3,00	5,92	5,25	4,30	4,20	3,20	Soleil faible.
17	4,30	3,80	3,20	3,15	3,22	6,70	6,05	5,00	4,40	3,80	Couvert.
18	4,40	4,30	4,10	3,85	3,30	9,37	7,90	6,05	5,20	4,30	Idem.
19	5,90	5,70	5,60	5,40	5,30	7,10	6,70	6,50	6,10	5,61	Soleil faible.
20	4,30	4,15	4,31	4,40	4,35	6,80	5,90	4,40	4,30	4,60	Idem.
21	4,85	4,90	4,70	4,80	5,20	7,35	6,67	5,10	6,00	5,50	Couvert.
22	5,80	4,90	4,70	4,65	4,71	8,85	7,65	6,85	6,15	5,50	Soleil faible.
23	4,75	4,65	4,58	4,65	4,70	6,60	5,35	4,90	4,80	5,00	Idem.
24	4,50	4,20	4,20	4,30	4,50	7,35	5,91	4,61	4,10	4,50	Idem.
25	4,80	4,60	4,25	4,12	4,90	9,10	6,70	4,90	4,50	4,90	Soleil faible p. interv.
26	7,50	7,10	6,40	6,15	5,89	10,30	8,85	7,90	7,50	7,10	Pluie.
27	7,80	6,90	6,30	5,85	5,45	11,15	9,80	8,05	7,05	6,35	Soleil faible.
28	7,35	6,35	5,95	5,50	5,05	10,45	9,25	7,60	6,85	6,15	Couvert.
Moy.	3,13	2,90	3,03	3,33	3,56	4,28	3,70	3,18	3,12	3,45	

MOIS DE MARS 1882.

CABLES THERMO-ÉLECTRIQUES.

6 HEURES DU MATIN.

Tableau n° 24.

DATE.	SOL GAZONNÉ. CABLE DE 33 MÈTRES.					SOL DÉNUDÉ ET SABLÉ. CABLE DE 23 MÈTRES.					ÉTAT DU CIEL.
	SOUDURE N° 1. Profondeur 0m05.	SOUDURE N° 2. Profondeur 0m10.	SOUDURE N° 3. Profondeur 0m20.	SOUDURE N° 4. Profondeur 0m30.	SOUDURE N° 5. Profondeur 0m40.	SOUDURE N° 1. Profondeur 0m05.	SOUDURE N° 2. Profondeur 0m10.	SOUDURE N° 3. Profondeur 0m20.	SOUDURE N° 4. Profondeur 0m30.	SOUDURE N° 5. Profondeur 0m60.	
1	5,80	5,70	5,60	5,20	5,41	7,30	7,15	6,80	6,40	5,90	Tempête.
2	4,50	4,65	4,75	4,80	4,60	4,40	4,35	4,50	4,80	5,20	Couvert.
3	3,51	3,45	3,59	3,65	4,00	3,30	3,40	3,55	3,70	3,67	Idem.
4	4,30	4,35	4,51	4,17	4,21	4,46	4,21	4,40	4,51	4,70	Idem.
5	1,75	2,25	2,59	3,88	3,95	1,20	1,35	2,05	2,49	3,50	Clair.
6	5,35	5,25	5,30	5,10	5,00	6,00	5,95	5,60	5,40	5,31	Couvert.
7	4,09	4,45	4,80	4,29	4,55	3,95	4,05	4,25	4,50	4,20	Demi-couvert.
8	6,88	6,85	6,70	6,50	6,45	8,10	7,80	7,10	6,90	6,70	Couvert.
9	9,30	9,20	8,70	8,40	7,75	10,00	10,05	10,10	8,60	8,50	Idem.
10	6,90	6,80	6,50	6,38	4,85	8,20	7,35	6,85	6,90	6,70	Léger brouillard.
11	7,45	7,40	7,45	6,80	6,74	9,00	7,90	7,55	7,00	6,85	Couvert.
12	7,70	7,45	7,00	6,75	6,20	8,75	8,05	7,60	7,41	6,90	Idem.
13	5,75	5,90	6,05	6,21	6,00	5,80	6,00	6,40	6,30	6,50	Demi-couvert.
14	4,90	5,20	5,60	5,85	5,90	4,50	4,55	6,15	6,10	5,95	Idem.
15	5,80	6,00	6,10	6,21	6,30	5,70	5,85	5,91	6,20	6,35	Idem.
16	7,30	7,40	7,28	7,75	7,70	6,55	7,40	7,90	8,00	7,80	Idem.
17	7,05	7,15	7,20	7,41	7,40	6,51	6,95	7,05	7,17	7,30	Idem.
18	6,30	6,60	6,89	6,85	6,51	6,15	6,40	6,65	6,71	6,80	Idem.
19	6,70	6,75	6,80	6,85	6,75	5,65	6,60	6,70	6,80	6,85	Idem.
20	6,37	6,41	6,57	6,60	7,00	6,20	6,40	6,51	6,58	6,81	Idem.
21	7,20	7,65	7,71	8,05	8,55	7,05	7,11	7,15	7,32	7,51	Idem.
22	7,15	7,10	7,22	7,20	6,95	5,40	6,90	7,19	7,15	7,00	Idem.
23	5,00	6,17	6,32	6,45	0,00	4,65	4,90	5,21	5,55	5,90	Couvert.
24	4,45	4,90	5,20	5,31	5,54	3,51	4,45	5,00	5,20	5,51	Demi-couvert.
25	8,52	8,40	8,35	8,50	8,00	8,15	8,43	8,35	8,40	8,60	Idem.
26	8,74	8,80	8,90	9,30	9,40	8,60	8,67	8,70	9,00	9,30	Couvert, vent.
27	4,35	4,50	4,67	5,11	5,28	4,00	4,25	4,60	5,00	5,20	Demi-couvert.
28	8,00	8,11	8,17	8,31	8,15	7,35	7,70	7,80	7,81	7,55	Idem.
29	8,65	8,75	8,83	8,77	8,45	8,00	8,30	8,41	8,50	8,30	Couvert.
30	9,05	9,15	9,17	9,12	8,50	8,35	8,75	8,81	9,00	8,40	Idem.
31	8,75	8,84	9,00	9,03	8,97	7,41	8,61	8,77	8,89	9,00	Demi-couvert.
Moy.	6,37	6,50	6,56	6,61	6,51	6,26	6,44	6,57	6,53	6,61	

MOIS DE MARS 1882.

CABLES THERMO-ÉLECTRIQUES.

3 HEURES DU SOIR.

Tableau n° 25.

DATE.	SOL GAZONNE. CABLE DE 33 MÈTRES.					SOL DÉNUDÉ ET SABLÉ. CABLE DE 23 MÈTRES.					ÉTAT DU CIEL.
	SOUDURE N° 1, Profondeur 0m05.	SOUDURE N° 2, Profondeur 0m10.	SOUDURE N° 3, Profondeur 0m20.	SOUDURE N° 4, Profondeur 0m30.	SOUDURE N° 5, Profondeur 0m60.	SOUDURE N° 1, Profondeur 0m05.	SOUDURE N° 2, Profondeur 0m10.	SOUDURE N° 3, Profondeur 0m20.	SOUDURE N° 4, Profondeur 0m30.	SOUDURE N° 6, Profondeur 0m60.	
I	8,25	7,40	7,11	6,20	6,17	10,00	9,55	8,65	7,50	7,20	Giboulées.
2	7,05	6,45	5,95	6,00	5,40	8,71	8,00	7,05	6,35	6,40	Couvert.
3	5,55	5,65	5,88	5,55	5,45	5,50	5,45	5,38	5,50	5,60	Pluie.
4	5,70	5,65	5,40	5,58	5,55	6,60	6,00	5,70	5,37	5,71	Soleil faible.
5	6,55	6,00	5,80	5,80	5,81	8,60	7,35	5,81	5,40	5,60	Nuageux.
6	7,85	7,70	6,35	6,0	5,90	10,90	9,60	7,85	6,85	6,10	Idem.
7	9,70	7,40	7,40	7,50	7,10	11,87	10,35	7,65	7,35	7,10	Soleil.
8	9,40	8,76	7,61	7,43	6,90	13,37	11,45	9,55	8,30	7,60	Soleil par intervalles.
9	9,45	8,60	7,81	6,80	6,05	14,20	12,25	9,51	7,90	7,10	Soleil.
10	9,55	8,70	8,20	7,70	6,80	12,35	10,80	9,35	8,72	7,90	Idem.
11	9,50	8,70	8,30	7,70	7,50	12,31	10,70	9,15	8,70	8,00	Demi-couvert.
12	9,65	9,10	8,70	8,50	7,15	10,30	10,10	9,95	9,25	7,70	Nuageux.
13	9,75	9,00	8,55	8,60	8,50	12,75	11,65	9,40	8,50	8,85	Soleil.
14	11,30	10,00	10,20	9 95	8,38	14,10	12,45	9,95	9,40	9,25	Idem.
15	9,45	8,30	8,45	8 21	8,12	11,80	9,85	8,39	8,35	8,25	Idem.
16	13,15	11,00	9,75	9 80	9,87	16,60	14,91	11,20	10,60	9,90	Idem.
17	12,10	11,30	10,80	10 80	10,70	16,00	13,50	11,80	11,15	10,80	Idem.
18	10,25	10,00	9,40	8,00	8,10	13,50	13,15	9,95	7,95	8,30	Idem.
19	13,80	12,31	10,75	10,61	10,00	17,91	15,40	12,70	12,60	12,00	Idem.
20	13,35	13,00	11,70	11,10	10,70	17,00	15,60	13,20	11,90	10,80	Idem.
21	10,40	10,00	9,65	9,20	8,50	14,70	11,30	10,00	9,70	9,23	Nuageux.
22	8,80	8,75	8,70	7,80	8,50	8,80	8,52	7,85	7,90	10,30	Idem.
23	7,41	7,38	7,40	7,30	7,71	7,27	7,20	7,21	7,15	7,35	Soleil faible.
24	12,15	11,80	10,61	10,45	9,75	13,40	12,20	10,30	10,15	9,80	Couvert.
25	11,75	11,10	10,15	10,01	10,15	14,50	13,65	10,90	10,15	10,00	Soleil faible.
26	9,40	8,76	8,85	8,80	9,10	9,05	9,00	8,90	8,80	8,70	Soleil pr int., gd vent.
27	9,50	8,60	8,41	8,25	8,31	12,00	10,70	8,45	8,05	8,15	Demi-couvert.
28	9,70	9,10	8,70	8,41	8,30	11,10	10,00	8,90	8,30	8,10	Couvert.
29	10,18	9,40	9,00	8,70	8,35	12,40	11,10	9,50	8,76	8,30	Idem.
30	10,00	9,51	9,32	9,05	8,00	11,25	10,51	9,50	9,10	8,60	Pluie.
31	10,80	9,30	9,05	8,70	8,50	13,10	11,15	9,35	8,65	8,40	Soleil faible.
Moy.	9,74	8,90	8,51	8,21	7,27	12,01	10,75	9,16	8,48	8,29	

MOIS D'AVRIL 1882.

CABLES THERMO-ÉLECTRIQUES.

6 HEURES DU MATIN.

Tableau n° 26.

DATE.	SOL GAZONNÉ. CABLE DE 33 MÈTRES.					SOL DÉNUDÉ ET SABLÉ. CABLE DE 23 MÈTRES.					ÉTAT DU CIEL.
	SOUDURE N° 1. Profondeur 0m05.	SOUDURE N° 2. Profondeur 0m10.	SOUDURE N° 3. Profondeur 0m20.	SOUDURE N° 4. Profondeur 0m30.	SOUDURE N° 5. Profondeur 0m60.	SOUDURE N° 1. Profondeur 0m05.	SOUDURE N° 2. Profondeur 0m10.	SOUDURE N° 3. Profondeur 0m20.	SOUDURE N° 4. Profondeur 0m30.	SOUDURE N° 5. Profondeur 0m60.	
1	6,60	7,15	7,80	8,50	8,88	4,25	5,81	8,00	8,45	8,90	Demi-couvert.
2	6,80	7,10	7,51	7,70	8,85	5,30	6,51	7,53	7,63	7,71	Idem.
3	8,65	9,00	9,40	9,20	8,90	7,00	8,00	8,19	8,20	7,80	Soleil faible.
4	9,30	9,50	9,34	9,73	9,50	9,17	9,31	9,48	9,60	9,00	Idem.
5	8,11	8,59	8,50	8,51	8,00	6,31	7,75	8,15	8,21	8,10	Idem.
6	9,77	9,80	9,70	9,90	9,80	8,80	9,00	9,65	9,57	9,40	Demi-couvert.
7	9,95	10,05	10,03	9,99	9,49	6,60	8,70	10,31	10,15	10,00	Soleil faible.
8	9,85	10,00	9,95	9,70	9,25	7,40	9,15	10,30	10,37	10,00	Idem.
9	9,51	9,55	9,50	9,70	9,80	7,80	9,50	10,42	10,37	10,00	Idem.
10	9,50	9,61	9,50	9,89	10,05	7,05	8,95	9,77	10,15	10,00	Demi-couvert.
11	8,51	8,58	9,33	9,71	9,99	6,90	7,71	8,51	9,35	9,81	Idem.
12	8,05	8,80	9,17	9,69	10,03	6,00	7,30	8,55	9,21	9,15	Idem.
13	10,00	10,15	10,10	10,00	9,95	8,50	9,15	10,20	10,45	9,85	Idem.
14	9,71	9,85	9,85	9,80	9,70	8,60	9,30	9,80	10,02	9,85	Soleil faible.
15	9,10	9,50	9,71	9,80	9,76	8,00	8,90	9,75	9,94	9,75	Couvert.
16	9,15	9,65	9,21	9,17	9,05	8,00	8,60	9,51	9,81	9,30	Couvert, vent.
17	9,95	9,71	9,50	9,63	9,87	8,90	9,15	9,77	9,87	9,91	Demi-couvert.
18	10,15	10,00	9,50	9,80	9,85	8,90	9,50	10,05	10,11	9,89	Idem.
19	10,80	10,87	10,85	10,75	10,16	8,45	9,20	10,30	10,75	10,60	Soleil faible.
20	11,05	11,40	11,35	11,10	10,60	9,40	10,41	11,40	11,60	10,70	Demi-couvert.
21	10,85	11,25	11,30	11,10	10,70	7,80	9,50	11,20	11,57	11,00	Soleil faible.
22	11,55	11,70	11,55	11,40	10,70	11,15	11,70	12,45	12,40	11,05	Demi-couvert.
23	12,21	12,70	12,00	11,80	11,15	11,71	12,60	13,00	12,85	11,60	Idem.
24	11,95	12,05	12,07	12,00	11,80	9,40	10,60	11,95	12,40	12,00	Idem.
25	12,25	12,20	12,15	11,95	11,05	9,87	10,75	11,85	12,21	11,95	Pluie.
26	11,65	11,80	11,65	11,75	11,40	7,60	9,25	11,15	11,30	11,50	Soleil faible.
27	12,15	12,25	11,90	12,50	11,30	7,60	8,80	10,17	12,00	12,20	Idem.
28	10,80	11,17	10,90	11,30	11,15	7,60	8,90	10,30	10,70	11,05	Idem.
29	10,35	10,48	10,60	10,75	10,70	6,85	8,10	9,65	10,30	10,45	Idem.
30	10,45	10,80	11,00	10,90	10,75	5,80	7,20	8,80	9,85	10,40	Soleil faible.
Moy.	9,62	10,15	10,18	9,59	10,07	9,89	9,01	10,01	10,31	10,09	

MOIS D'AVRIL 1882.

CABLES THERMO-ÉLECTRIQUES.

3 HEURES DU SOIR.

Tableau n° 27.

DATE.	SOL GAZONNÉ. CABLE DE 33 MÈTRES.					SOL DÉNUDÉ ET SABLÉ. CABLE DE 23 MÈTRES.					ÉTAT DU CIEL.
	SOUDURE N° 1. Profondeur 0m05.	SOUDURE N° 2. Profondeur 0m10.	SOUDURE N° 3. Profondeur 0m20.	SOUDURE N° 4. Profondeur 0m30.	SOUDURE N° 5. Profondeur 0m60.	SOUDURE N° 1. Profondeur 0m05.	SOUDURE N° 2. Profondeur 0m10.	SOUDURE N° 3. Profondeur 0m20.	SOUDURE N° 4. Profondeur 0m30.	SOUDURE N° 5. Profondeur 0m60.	
1	9,60	8,65	8,50	8,35	8,29	13,10	11,10	8,50	7,95	8,30	Nuageux.
2	11,00	9,55	8,80	8,55	8,50	17,15	13,90	10,05	8,60	8,50	Soleil par intervalles.
3	11,40	11,10	9,40	9,20	8,10	18,00	14,80	11,40	9,20	9,15	Soleil, nuageux.
4	12,00	11,05	10,31	9,70	9,30	16,61	14,50	11,95	10,75	9,60	Idem.
5	11,40	10,50	9,85	9,60	9,05	15,50	13,30	10,70	9,91	9,70	Soleil
6	12,05	10,75	10,00	9,51	8,80	17,50	14,90	11,35	10,20	9,55	Idem.
7	11,90	10,80	10,10	9,75	9,55	17,40	14,67	11,50	10,40	9,75	Idem.
8	11,40	10,35	9,60	9,45	9,00	17,10	14,00	11,00	10,09	9,50	Idem.
9	12,30	11,10	10,48	10,15	9,70	15,90	14,30	11,95	11,00	10,30	Soleil nuageux.
10	11,55	11,00	10,45	10,27	10,91	14,81	13,00	11,00	11,05	11,71	Idem.
11	10,85	9,50	9,51	9,70	9,55	12,20	10,80	9,50	9,50	10,21	Demi-couvert,
12	11,10	10,15	9,80	9,65	9,70	14,00	12,70	10,20	9,55	9,80	Soleil.
13	10,65	10,31	9,90	9,92	9,60	11,90	11,71	10,45	10,20	9,92	Pluie.
14	11,75	10,80	10,37	10,25	9,80	16,15	13,85	11,30	10,40	10,10	Soleil nuageux.
15	11,10	10,55	10,20	10,00	9,80	12,90	11,90	10,70	10,30	10,15	Demi-couvert.
16	12,75	10,51	10,30	9,90	9,60	14,60	12,00	10,35	9,75	9,75	Soleil faible.
17	11,50	10,90	10,75	10,60	10,40	13,30	12,25	10,80	10,65	10,50	Idem.
18	12,50	11,50	11,20	10,90	10,45	14,20	12,95	11,40	10,90	10,60	Soleil faible pr interv.
19	12,50	11,50	11,00	10,60	10,25	16,50	14,05	11,50	10,70	10,35	Nuageux.
20	12,60	11,65	11,00	10,65	10,25	16,51	13,90	11,90	11,90	10,53	Soleil.
21	12,90	11,71	10,80	10,50	10,50	19,30	16,10	12,40	11,00	10,50	Idem.
22	14,00	12,70	11,70	11,12	10,20	19,15	17,20	14,21	12,50	11,20	Orageux.
23	16,00	16,05	15,80	15,71	11,75	17,10	17,01	16,15	11,51	11,20	Soleil faible.
24	13,55	12,85	12,35	12,00	11,10	15,70	14,50	13,00	12,30	11,90	Nuageux.
25	12,40	12,35	12,20	12,05	11,40	12,30	12,03	11,70	11,71	11,81	Pluie.
26	12,65	11,75	11,70	11,60	11,30	13,80	12,70	11,40	11,05	11,35	Soleil faible.
27	12,05	12,10	11,91	11,90	11,70	12,90	11,90	11,20	10,75	11,50	Demi-couvert.
28	11,50	10,65	10,70	10,81	10,87	13,35	12,20	10,00	9,95	10,50	Orage.
29	11,10	10,91	10,80	10,95	11,00	10,90	10,50	10,00	9,90	10,50	Couvert, vent.
30	11,95	11,20	10,80	10,31	10,30	16,00	13,70	10,50	9,55	10,25	Nuageux.
Moy.	12,18	11,15	10,69	10,46	9,69	14,86	13,41	11,27	10,44	10,29	

MOIS DE MAI 1882.

CABLES THERMO-ÉLECTRIQUES.

6 HEURES DU MATIN.

Tableau n° 28.

DATE.	SOL GAZONNÉ. CABLE DE 33 MÈTRES.					SOL DÉNUDÉ ET SABLÉ. CABLE DE 23 MÈTRES.					ÉTAT DU CIEL.
	SOUDURE No 1. Profondeur 0m05.	SOUDURE No 2. Profondeur 0m10.	SOUDURE No 3. Profondeur 0m20.	SOUDURE No 4. Profondeur 0m30.	SOUDURE No 5. Profondeur 0m60.	SOUDURE No 1. Profondeur 0m05.	SOUDURE No 2. Profondeur 0m10.	SOUDURE No 3. Profondeur 0m20.	SOUDURE No 4. Profondeur 0m30.	SOUDURE No 5. Profondeur 0m60.	
1	10,95	11,11	11,15	11,10	10,91	9,10	10,00	10,90	11,15	10,50	Soleil faible.
2	10,80	11,07	11,00	11,10	10,70	8,15	9,90	11,35	11,65	10,90	Idem.
3	12,21	12,15	11,90	11,60	11,20	11,71	12,20	12,55	12,50	12,65	Idem.
4	13,70	13,40	13,00	12,20	11,51	14,80	14,80	14,95	14,70	11,90	Couvert.
5	12,00	12,35	12,80	12,55	11,80	10,00	10,95	12,40	13,00	12,60	Léger brouillard.
6	12,00	12,58	12,70	12,55	11,80	11,00	11,70	12,45	12,75	12,40	Pluie fine.
7	12,40	12,70	12,85	12,67	11,91	10,70	11,85	12,90	13,30	12,45	Soleil faible.
8	14,00	14,35	13,90	13,40	12,05	12,30	13,25	14,10	14,45	12,90	Couvert.
9	13,50	14,00	13,35	12,75	11,90	11,40	12,51	13,57	13,61	12,90	Demi-couvert.
10	13,90	14,05	14,15	14,00	12,80	11,90	12,85	13,75	13,90	13,20	Idem.
11	14,00	14,60	14,40	14,00	12,80	12,60	12,60	14,40	14,41	13,25	Soleil faible.
12	15,05	15,25	14,81	14,75	13,15	13,50	14,70	15,70	15,80	13,70	Idem.
13	15,51	15,70	15,50	15,10	13,60	13,30	14,91	16,01	16,20	14,30	Idem.
14	15,20	15,40	14,75	15,50	13,95	12,00	14,00	15,99	16,41	14,85	Soleil faible.
15	13,75	13,89	13,51	14,15	12,50	9,80	12,91	14,00	14,80	13,71	Idem.
16	13,60	14,29	14,25	14,50	14,20	8,50	10,40	10,35	14,00	14,10	Idem.
17	13,50	14,40	15,00	14,75	14,31	8,70	10,40	12,40	13,45	13,70	Idem.
18	13,45	14,30	14,82	14,41	14,38	9,30	10,80	12,68	13,60	13,60	Idem.
19	14,30	14,80	14,20	14,55	14,10	11,45	12,80	13,96	14,00	13,45	Idem.
20	14,50	15,11	14,75	15,00	14,21	11,50	12,90	14,60	14,85	13,80	Idem.
21	15,10	15,25	15,00	15,50	14,11	14,50	15,01	15,10	15,45	15,30	Demi-couvert.
22	15,01	15,10	15,15	15,25	14,35	14,00	14,95	15,45	15,70	14,60	Soleil faible.
23	16,50	16,91	16,23	16,85	14,29	14,80	15,70	16,50	16,30	15,20	Idem.
24	15,08	16,30	16,05	16,54	14,31	12,00	14,65	15,85	16,85	15,20	Idem.
25	15,15	16,05	15,87	16,00	14,20	14,05	14,81	15,80	15,70	15,00	Pluie.
26	15,20	15,75	15,90	15,65	16,00	11,85	13,20	14,90	15,60	15,50	Soleil faible.
27	15,26	15,73	15,90	15,95	15,25	12,75	13,90	15,17	15,60	14,90	Idem.
28	16,70	16,90	16,80	16,20	15,25	15,40	16,20	17,10	17,00	15,38	Idem.
29	17,10	17,40	17,40	16,95	15,50	15,25	16,00	17,50	17,70	15,90	Idem.
30	16,40	17,00	17,05	16,89	15,38	14,70	15,05	16,90	17,65	15,90	Couvert.
31	16,45	16,53	16,45	16,30	15,60	14,60	15,30	16,00	16,80	15,70	Idem.
Moy.	14,29	14,33	14,55	14,47	13,49	12,12	13,30	14,36	14,80	13,85	

MOIS DE MAI 1882.

CABLES THERMO-ÉLECTRIQUES.

3 HEURES DU SOIR.

Tableau n° 29.

DATE.	SOL GAZONNÉ. CABLE DE 33 MÈTRES.					SOL DÉNUDÉ ET SABLE. CABLE DE 23 MÈTRES.					ÉTAT DU CIEL.
	SOUDURE N° 1. Profondeur 0m05.	SOUDURE N° 2. Profondeur 0m10.	SOUDURE N° 3. Profondeur 0m20.	SOUDURE N° 4. Profondeur 0m30.	SOUDURE N° 5. Profondeur 0m60.	SOUDURE N° 1. Profondeur 0m05.	SOUDURE N° 2. Profondeur 0m10.	SOUDURE N° 3. Profondeur 0m20.	SOUDURE N° 4. Profondeur 0m30.	SOUDURE N° 5. Profondeur 0m60.	
1	12,45	11,50	10,85	11,00	10,50	17,80	15,17	12,00	10,80	10,30	Soleil.
2	12,80	12,15	11,47	11,46	10,05	19,50	16,45	12,80	11,50	11,00	Soleil faible.
3	13,85	12,35	11,55	11,20	10,41	21,05	18,40	14,10	12,40	10,90	Nuageux.
4	13,80	13,40	12,85	12,00	11,48	15,00	14,70	14,75	14,00	12,40	Pluie.
5	13,60	12,65	12,42	12,36	12,85	14,65	13,40	12,60	12,65	12,48	Couvert.
6	14,20	13,10	12,42	12,25	11,75	17,30	15,28	13,25	12,51	12,05	Soleil nuageux.
7	16,10	14,30	12,80	12,55	11,75	19,40	17,45	14,75	13,00	12,40	Orageux.
8	16,80	14,70	13,70	13,35	11,90	19,00	17,30	14,60	13,70	12,70	Nuageux.
9	17,00	14,50	13,60	13,30	12,40	19,35	16,85	13,90	13,20	13,00	Soleil.
10	16,10	15,00	14,40	13,80	12,80	17,61	16,40	14,80	13,95	13,10	Nuageux.
11	18,55	16,30	14,40	13,80	12,60	22,80	20,10	16,20	14,20	13,00	Soleil.
12	19,40	17,00	15,40	14,60	13,25	23,55	20,30	16,90	15,40	13,75	Idem.
13	20,20	17,85	16,90	15,00	13,67	22,95	20,40	17,35	15,85	14,35	Idem.
14	19,61	17,40	16,10	15,38	13,95	22,81	19,05	16,45	15,50	14,60	Idem.
15	15,95	15,71	14,70	14,71	14,00	16,51	15,50	14,40	14,25	14,20	Couvert.
16	16,80	15,40	14,88	14,40	14,20	17,15	15,35	13,70	13,50	14,00	Demi-couvert.
17	17,00	15,30	14,30	14,15	13,91	17,80	15,55	13,43	12,90	13,20	Soleil.
18	17,36	15,50	15,20	14,22	13,85	19,15	16,75	14,10	13,20	13,24	Nuageux.
19	18,85	16,51	15,75	14,60	13,95	21,05	18,50	15,51	11,30	13,40	Soleil.
20	18,47	16,80	13,20	11,70	13,85	21,60	19,60	16,35	14,70	13,70	Nuageux.
21	18,83	17,30	15,60	15,10	14,00	21,25	19,95	17,80	15,71	14,23	Idem.
22	19,60	17,90	16,45	15,81	14,38	23,70	20,80	18,00	16,71	14,80	Soleil.
23	18,15	17,30	16,71	16,00	15,30	19,60	18,20	17,30	19,50	15,30	Nuageux.
24	19,35	17,50	16,60	16,85	14,95	21,40	19,90	17,40	16,10	15,20	Couvert.
25	17,55	16,30	15,81	16,05	14,55	19,00	17,60	15,90	15,51	15,15	Orageux.
26	17,03	16,07	15,40	15,54	14,85	19,00	16,90	15,35	15,05	15,00	Nuageux.
27	18,70	16,91	15,90	15,80	11,80	23,25	20,20	16,95	15,65	14,85	Idem.
28	19,70	18,25	16,30	15,70	14,70	23,60	21,60	18,70	16,80	15,10	Idem.
29	18,40	17,80	17,10	16,70	15,50	18,90	18,60	17,80	17,20	15,90	Pluie.
30	17,60	16,70	16,57	16,42	15,85	18,90	17,60	16,60	16,25	15,86	Couvert.
31	15,70	16,60	16,20	16,10	15,50	14,60	14,71	15,60	15,50	15,50	Idem.
Moy.	17,06	15,34	14,76	14,37	13,59	19,64	17,70	15,46	14,56	13,70	

MOIS DE JUIN 1882.

CABLES THERMO-ÉLECTRIQUES.

6 HEURES DU MATIN.

Tableau n° 30.

DATE.	SOL GAZONNÉ. CABLE DE 33 MÈTRES.					SOL DÉNUDÉ ET SABLÉ. CABLE DE 23 MÈTRES.					ÉTAT DU CIEL.
	SOUDURE No 1. Profondeur 0m05.	SOUDURE No 2. Profondeur 0m10.	SOUDURE No 3. Profondeur 0m20.	SOUDURE No 4. Profondeur 0m30.	SOUDURE No 5. Profondeur 0m60.	SOUDURE No 1. Profondeur 0m05.	SOUDURE No 2. Profondeur 0m10.	SOUDURE No 3. Profondeur 0m20.	SOUDURE No 4. Profondeur 0m30.	SOUDURE No 5. Profondeur 0m60.	
1	15,05	15,50	15,68	17,75	16,70	11,80	13,90	14,20	15,10	15,50	Soleil faible.
2	16,70	16,75	16,85	16,30	15,05	15,05	15,75	16,50	16,70	15,15	Demi-couvert.
3	17,96	17,75	17,50	17,45	15,70	17,30	17,65	17,80	17,50	15,80	Soleil très faible.
4	18,31	18,30	18,00	17,95	16,10	17,05	17,80	18,75	18,60	16,50	Demi-couvert.
5	17,95	18,20	18,10	17,60	16,08	14,35	16,15	17,45	18,03	16,80	Soleil faible.
6	17,75	18,11	18,05	17,75	16,50	14,25	15,85	17,90	18,05	17,05	Idem.
7	18,75	18,70	17,80	18,08	16,61	17,81	18,85	19,60	19,10	17,15	Couvert.
8	16,50	16,95	17,15	17,48	17,11	13,60	14,85	16,50	17,50	17,05	Idem.
9	17,40	17,65	17,80	17,60	17,20	14,80	15,40	16,50	17,20	16,80	Pluie fine.
10	16,65	17,20	17,30	16,51	16,81	12,30	13,40	15,30	16,45	16,45	Demi-couvert.
11	15,70	16,80	17,09	16,45	16,80	12,75	13,50	14,91	16,08	16,40	Couvert.
12	18,80	16,30	16,70	16,80	16,41	11,80	12,60	14,10	15,30	15,80	Idem.
13	15,40	15,97	16,41	16,50	16,00	9,90	11,55	13,50	14,85	15,25	Soleil faible.
14	15,00	15,61	15,96	16,41	15,50	12,30	13,00	14,10	14,67	15,00	Couvert.
15	16,05	16,45	16,50	16,40	15,75	13,50	14,20	15,00	15,30	15,00	Demi-couvert.
16	16,00	16,61	17,00	16,80	16,05	12,21	13,65	15,25	15,91	15,30	Soleil faible.
17	16,00	17,00	17,60	16,80	16,50	11,80	13,60	15,55	16,50	15,70	Idem.
18	16,71	17,09	17,81	17,85	16,96	13,55	14,80	15,77	16,71	16,55	Demi-couvert.
19	15,54	16,90	17,00	17,10	16,80	11,40	12,60	14,60	15,80	16,00	Idem.
20	15,75	16,85	17,10	17,00	16,60	12,50	13,50	14,80	15,41	15,50	Couvert.
21	16,40	16,85	17,00	16,75	16,70	14,10	14,55	15,25	15,61	15,57	Idem.
22	17,80	18,20	18,01	17,50	16,80	15,35	16,30	17,25	17,10	15,85	Soleil faible.
23	17,70	18,10	18,05	17,51	16,80	16,75	17,15	17,80	17,50	16,20	Couvert.
24	17,80	18,21	18,30	17,80	17,10	15,05	15,80	16,81	17,20	16,51	Pluie.
25	18,71	18,75	18,40	18,15	17,15	17,01	18,00	18,60	18,30	16,55	Soleil faible.
26	17,60	18,40	18,30	17,81	17,50	14,60	16,00	17,25	17,60	16,70	Idem.
27	17,95	18,80	18,60	18,70	17,60	13,51	15,35	17,40	17,91	17,20	Idem.
28	17,85	18,30	18,60	18,65	17,60	13,80	15,40	16,91	17,80	17,31	Idem.
29	18,00	18,47	18,41	18,00	17,60	17,30	17,71	18,10	17,95	17,00	Petite pluie.
30	18,85	19,40	19,30	18,80	17,75	16,55	17,50	18,40	18,51	17,05	Couvert.
Moy.	16,69	17,47	17,54	17,41	16,66	14,14	14,54	16,39	16,87	16,22	

MOIS DE JUIN 1882.

CABLES THERMO-ÉLECTRIQUES.

3 HEURES DU SOIR.

Tableau n° 31.

DATE.	SOL GAZONNÉ. CABLE DE 33 MÈTRES.					SOL DÉNUDÉ ET SABLÉ. CABLE DE 23 MÈTRES.					ÉTAT DU CIEL.
	SOUDURE N°1. Profondeur 0m05.	SOUDURE N°2. Profondeur 0m10.	SOUDURE N°3. Profondeur 0m20.	SOUDURE N°4. Profondeur 0m30.	SOUDURE N°5. Profondeur 0m60.	SOUDURE N°1. Profondeur 0m05.	SOUDURE N°2. Profondeur 0m10.	SOUDURE N°3. Profondeur 0m20.	SOUDURE N°4. Profondeur 0m30.	SOUDURE N°5. Profondeur 0m60.	
1	19,85	17,70	16,00	15,70	15,35	24,50	20,70	16,90	15,25	15,00	Soleil.
2	19,18	18,05	16,90	15,35	15,30	22,20	20,30	17,70	16,45	15,35	Orageux.
3	20,45	19,15	17,75	17,30	15,95	23,80	21,90	19,00	17,90	16,00	Idem.
4	19,80	18,85	17,80	17,35	15,80	21,45	20,80	19,00	18,00	16,35	Nuageux.
5	20,60	19,10	18,00	17,50	16,35	22,30	20,90	18,70	17,70	16,70	Soleil très faible.
6	22,35	20,00	19,30	18,10	17,60	26,60	23,40	19,80	18,00	16,75	Soleil.
7	20,15	19,50	19,85	18,45	17,00	21,05	20,10	19,30	19,00	17,50	Nuageux.
8	18,75	18,05	17,60	17,50	16,91	19,95	18,45	17,20	17,10	16,95	Idem.
9	19,32	18,20	17,55	17,40	16,90	20,61	18,95	17,20	16,80	16,75	Soleil faible pr interv..
10	18,00	17,35	17,05	17,00	16,35	18,75	17,25	16,10	15,80	16,15	Demi-couvert.
11	17,30	16,85	16,70	15,90	16,45	17,15	16,30	15,35	15,30	15,60	Idem.
12	17,60	16,90	16,30	15,50	16,20	18,30	16,90	15,35	14,95	15,40	Pluie.
13	17,80	16,61	16,40	13,60	16,61	18,10	16,55	14,91	14,55	15,30	Soleil faible.
14	17,10	16,31	16,50	13,60	16,50	18,00	16,20	14,85	14,68	14,95	Couvert.
15	19,15	18,05	17,15	17,10	16,75	20,90	18,70	16,85	15,70	15,35	Demi-couvert.
16	20,45	18,70	17,40	17,10	16,70	22,00	19,90	17,15	15,80	15,45	Soleil faible p. interv.
17	21,30	18,70	17,15	17,10	16,60	23,60	20,90	17,10	16,10	15,71	Soleil.
18	19,40	19,75	19,80	17,81	17,15	19,70	19,70	17,00	16,10	15,80	Demi-couvert.
19	19,51	17,75	16,90	17,00	16,80	20,20	17,80	15,90	15,40	15,65	Soleil faible p. interv.
20	17,80	17,30	17,00	13,80	16,50	17,85	16,50	15,20	15,11	15,15	Couvert.
21	20,05	18,10	17,00	13,80	16,30	23,35	20,50	17,05	15,61	15,25	Nuageux.
22	22,85	19,50	18,20	17,40	16,80	22,50	20,90	18,60	17,10	15,85	Idem.
23	19,60	18,80	18,50	17,95	16,95	20,10	19,25	18,05	17,50	16,45	Couvert.
24	21,40	19,50	18,61	17,75	16,95	24,50	21,30	16,25	17,00	16,20	Soleil.
25	20,50	19,70	18,90	13,40	17,11	21,40	20,00	18,60	18,10	16,56	Soleil faible.
26	22,12	20,55	19,40	14,60	17,60	24,30	22,00	19,43	18,20	17,10	Soleil.
27	20,50	19,65	18,70	13,45	17,51	22,20	19,70	17,65	17,35	17,00	Nuageux.
28	22,10	20,30	18,65	13,30	17,11	25,05	21,90	18,90	17,40	16,30	Soleil.
29	20,25	19,90	19,45	13,70	17,50	21,57	20,30	18,70	18,40	16,95	Demi-couvert.
30	21,15	19,85	19,30	14,90	17,95	23,25	20,90	18,50	18,15	17,50	Nuageux.
Moy.	19,81	18,62	17,88	17,45	17,05	21,61	19,63	17,50	17,02	16,08	

MÉMOIRE SUR LA TEMPÉRATURE DE L'AIR,

MOIS DE JUILLET 1882.

CABLES THERMO-ÉLECTRIQUES.

6 HEURES DU MATIN.

Tableau n° 32.

DATE.	SOL GAZONNÉ. CABLE DE 33 MÈTRES.					SOL DÉNUDÉ ET SABLÉ. CABLE DE 23 MÈTRES.					ÉTAT DU CIEL.
	SOUDURE N° 1. Profondeur 0m05.	SOUDURE N° 2. Profondeur 0m10.	SOUDURE N° 3. Profondeur 0m20.	SOUDURE N° 4. Profondeur 0m30.	SOUDURE N° 5. Profondeur 0m60.	SOUDURE N° 1. Profondeur 0m05.	SOUDURE N° 2. Profondeur 0m10.	SOUDURE N° 3. Profondeur 0m20.	SOUDURE N° 4. Profondeur 0m30.	SOUDURE N° 5. Profondeur 0m60.	
1	18,95	19,00	19,15	18,90	17,90	16,40	17,45	18,35	18,40	17,50	Couvert.
2	18,80	19,20	19,30	19,35	18,15	16,50	17,60	18,80	18,95	17,55	Demi-couvert.
3	18,01	18,82	19,30	19,10	16,40	15,66	16,90	17,95	18,50	17,60	Soleil faible.
4	18,90	19,45	19,60	19,01	18,60	17,25	18,30	18,15	19,40	18,05	Idem.
5	20,10	20,55	20,23	19,96	19,60	18,91	20,40	20,76	20,60	18,00	Couvert.
6	20,00	20,30	20,51	20,00	18,85	16,65	18,00	19,40	20,00	19,00	Idem.
7	18,80	19,41	19,50	19,01	18,75	15,50	16,50	18,10	18,60	18,57	Idem.
8	18,20	17,80	18,75	18,78	18,35	15,30	16,05	17,10	17,60	17,95	Idem.
9	17,30	18,10	18,65	18,70	18,30	14,30	15,35	16,60	17,40	17,70	Idem.
10	17,60	18,40	18,60	18,81	18,00	13,75	15,41	16,85	17,40	17,28	Soleil faible.
11	18,10	18,17	18,71	18,40	18,00	15,35	16,10	17,15	17,45	17,50	Pluie.
12	18,35	18,90	18,70	18,31	18,00	15,43	15,90	16,81	17,80	17,00	Pluie fine.
13	16,40	17,20	17,80	18,25	18,15	12,50	13,70	15,41	16,51	17,00	Soleil faible.
14	18,04	18,51	18,65	18,40	18,30	16,80	17,10	17,60	18,15	16,75	Demi-couvert.
15	18,82	19,30	19,10	19,00	18,60	16,50	17,50	18,20	18,50	16,91	Soleil faible.
16	20,85	20,80	20,50	19,90	19,70	19,10	19,75	18,90	19,95	17,90	Pluie.
17	19,85	20,21	20,05	19,93	18,60	16,75	17,75	17,70	19,20	18,30	Soleil très faible.
18	19,81	19,70	20,15	19,75	18,80	17,50	18,40	19,05	19,30	18,40	Couvert.
19	19,80	20,40	20,50	20,15	19,15	18,20	19,00	19,55	19,70	18,60	Idem.
20	20,10	20,71	20,75	20,10	19,30	17,61	19,25	20,15	20,38	18,80	Demi-couvert.
21	19,45	20,80	20,00	19,20	19,10	15,85	19,00	19,00	19,40	19,10	Idem.
22	19,41	20,00	19,51	19,00	18,01	17,00	18,50	18,95	19,00	18,51	Idem.
23	18,10	19,15	19,81	19,91	19,01	17,00	17,71	18,91	19,00	18,58	Idem.
24	16,30	18,10	18,90	19,65	19,00	14,06	15,51	17,71	18,75	18,55	Idem.
25	17,00	17,71	18,65	19,61	19,11	15,91	16,30	16,71	18,70	18,56	Pluie fine.
26	18,55	18,90	19,20	19,20	18,00	15,00	16,20	17,50	18,00	18,30	Demi-couvert.
27	18,51	20,40	20,00	20,20	18,51	13,30	17,40	16,70	17,50	18,00	Soleil faible.
28	18,00	18,65	19,90	19,60	18,50	15,25	15,50	17,50	17,70	17,00	Demi-couvert.
29	19,30	19,01	19,70	18,31	19,20	16,71	17,40	18,30	18,61	18,50	Couvert.
30	19,30	19,70	20,00	20,75	20,40	15,70	17,70	18,00	18,65	18,70	Soleil faible.
31	19,00	19,95	19,90	19,31	19,45	17,75	18,27	19,17	18,40	18,40	Couvert.
Moy.	18,72	19,30	19,55	19,30	18,72	16,81	17,28	18,16	18,66	18,10	

MOIS DE JUILLET 1882.

CABLES THERMO-ÉLECTRIQUES.

3 HEURES DU SOIR.

Tableau n° 33.

DATE.	SOL GAZONNÉ. CABLE DE 33 MÈTRES.					SOL DÉNUDÉ ET SABLÉ. CABLE DE 23 MÈTRES.					ÉTAT DU CIEL.
	SOUDURE N° 1. Profondeur 0m05.	SOUDURE N° 2. Profondeur 0m10.	SOUDURE N° 3. Profondeur 0m20.	SOUDURE N° 4. Profondeur 0m30.	SOUDURE N° 5. Profondeur 0m60.	SOUDURE N° 1. Profondeur 0m05.	SOUDURE N° 2. Profondeur 0m10.	SOUDURE N° 3. Profondeur 0m20.	SOUDURE N° 4. Profondeur 0m30.	SOUDURE N° 5. Profondeur 0m60.	
1	22,85	21,15	19,30	19,00	18,15	25,01	22,50	19,41	18,30	17,45	Soleil.
2	20,45	19,85	19,35	19,95	18,30	22,20	20,20	18,70	18,35	17,70	Soleil par intervalles.
3	22,00	20,00	19,05	18,75	18,60	26,00	22,50	19,10	18,36	17,50	Soleil.
4	23,40	21,50	20,10	19,40	18,30	28,05	24,90	21,15	19,90	18,13	Soleil par int., nuag.
5	22,55	20,95	20,50	19,85	18,15	24,70	23,00	21,00	20,30	18,50	Demi-couvert.
6	20,80	20,35	19,85	14,40	18,00	21,20	20,40	19,75	19,20	18,21	Pluie.
7	19,70	19,55	19,20	19,25	18,50	19,10	18,66	18,15	18,21	18,30	Idem.
8	18,70	18,75	18,60	18,75	18,45	18,10	17,50	17,30	71,30	17,70	Petite pluie.
9	20,60	19,20	18,95	18,61	19,71	21,50	19,40	17,60	16,95	17,40	Demi-couvert.
10	20,20	19,30	18,80	18,70	18,20	21,00	19,50	17,81	17,35	17,20	Soleil faible.
11	20,00	19,21	18,90	18,31	17,71	20,80	19,20	17,77	17,40	17,20	Demi-couvert.
12	18,10	18,25	18,30	18,37	18,10	17,00	16,50	16,65	16,69	16,80	Demi-couvert, vent.
13	21,15	19,40	18,11	17,90	17,70	25,10	20,95	17,70	16,80	16,35	Soleil.
14	20,85	20,20	18,85	19,55	17,80	23,21	21,00	18,50	17,75	17,00	Nuageux.
15	23,70	20,81	19,15	18,51	17,60	29,00	25,45	20,60	18,40	16,80	Soleil.
16	22,30	21,40	20,50	19,80	17,60	24,40	22,30	20,51	19,60	17,80	Nuageux.
17	22,10	20,80	20,30	19,80	18,70	23,87	21,70	19,30	18,92	18,30	Idem.
18	22,11	21,00	20,31	19,85	19,79	24,30	21,70	19,60	18,80	18,21	Soleil par intervalles.
19	23,20	21,30	20,10	20,15	19,80	25,50	23,90	21,20	19,55	11,40	Nuageux.
20	22,80	21,50	20,00	19,97	20,03	24,50	22,00	19,75	19,60	18,60	Soleil.
21	21,91	20,92	20,25	19,70	19,00	25,25	22,25	20,30	19,50	18,85	Soleil par intervalles.
22	20,70	20,15	20,00	20,08	19,35	21,70	19,90	19,10	19,40	19,00	Nuageux, vent.
23	20,20	19,70	19,50	9,40	18,85	21,50	20,00	19,40	19,00	18,70	Pluie.
24	21,30	21,35	20,70	20,09	19,00	24,60	21,20	21,15	20,33	19,50	Demi-couvert.
25	19,61	19,58	19,15	9,20	18,60	20,05	19,60	10,10	18,50	18,23	Pluie.
26	20,00	19,45	19,00	16,61	18,60	21,40	19,65	18,30	17,60	17,80	Soleil, nuageux.
27	20,60	19,21	18,51	18,25	18,00	23,50	20,10	17,25	16,86	17,05	idem.
28	20,00	19,40	18,82	18,80	18,77	20,80	19,90	18,20	18,00	17,85	Couvert.
29	21,40	20,35	19,60	19,51	19,00	24,35	22,00	19,55	18,55	18,05	Soleil.
30	21,40	20,20	19,75	19,78	19,70	23,95	21,50	19,60	18,75	18,40	Soleil, nuageux.
31	21,40	20,35	19,85	19,80	19,75	24,40	22,00	19,90	19,30	18,50	Soleil.
Moy.	21,16	20,17	19,47	19,00	17,99	23,13	21,02	19,13	18,42	17,60	

MOIS D'AOUT 1882.

CABLES THERMO-ÉLECTRIQUES.

6 HEURES DU MATIN.

Tableau n° 34.

DATE.	SOL GAZONNÉ. CABLE DE 33 MÈTRES.					SOL DÉNUDÉ ET SABLÉ. CABLE DE 23 MÈTRES.					ÉTAT DU CIEL.
	SOUDURE N° 1. Profondeur 0m05.	SOUDURE N° 2. Profondeur 0m10.	SOUDURE N° 3. Profondeur 0m20.	SOUDURE N° 4. Profondeur 0m30.	SOUDURE N° 5. Profondeur 0m60.	SOUDURE N° 1. Profondeur 0m05.	SOUDURE N° 2. Profondeur 0m10.	SOUDURE N° 3. Profondeur 0m20.	SOUDURE N° 4. Profondeur 0m30.	SOUDURE N° 6. Profondeur 0m60.	
1	18,82	19,15	19,60	19,05	19,41	16,40	18,05	19,05	19,00	18,50	Demi-couvert.
2	18,90	19,30	19,70	18,90	19,30	16,10	17,90	19,90	19,85	18,45	Couvert.
3	19,10	19,60	19,80	19,10	19,50	16,50	18,10	20,00	20,10	18,70	Idem.
4	18,80	19,38	19,71	19,05	19,50	15,30	17,05	19,00	18,90	18,75	Soleil faible.
5	18,57	19,35	19,65	18,95	19,50	15,01	16,88	18,75	19,89	18,75	Couvert.
6	18,40	19,51	19,65	19,45	19,61	16,20	16,95	18,70	18,77	18,08	Soleil faible.
7	18,41	18,89	19,71	19,51	19,65	16,30	17,10	17,98	18,90	18,13	Idem.
8	18,17	18,80	19,65	19,50	19,65	16,35	17,05	17,95	18,81	18,15	Idem.
9	18,00	18,50	18,70	18,90	19,45	16,00	16,71	17,50	18,00	18,10	Couvert.
10	16,50	17,05	17,85	18,77	19,30	15,65	16,17	16,85	17,45	18,01	Idem.
11	16,05	16,59	17,70	18,67	19,25	15,17	16,15	16,65	17,50	18,10	Demi-couvert.
12	18,05	18,55	18,60	18,50	18,71	16,75	17,70	18,00	18,40	17,51	Soleil faible.
13	19,70	19,80	19,90	19,95	19,70	19,40	19,51	19,67	19,50	18,75	Orage.
14	18,00	18,90	19,50	19,67	19,88	17,30	18,01	19,00	19,50	18,85	Couvert.
15	18,80	18,95	19,50	19,70	18,00	18,00	18,20	18,85	19,61	18,95	Demi-couvert.
16	16,35	17,59	18,88	19,60	18,00	15,00	16,80	17,77	18,59	18,91	Soleil faible.
17	16,75	18,10	18,60	18,50	18,45	12,50	13,60	15,50	16,90	18,00	Couvert.
18	16,40	18,15	18,60	18,48	18,61	13,20	14,05	15,90	16,95	18,09	Idem.
19	18,74	18,70	18,95	18,70	18,60	17,20	17,50	17,64	17,55	17,40	Idem.
20	18,05	18,37	18,70	18,70	18,51	14,40	16,20	17,10	17,50	17,32	Soleil très faible.
21	17,17	17,30	17,40	17,45	18,00	16,20	16,20	17,00	17,51	17,15	Couvert.
22	18,40	18,70	18,86	18,80	17,70	15,10	16,55	17,75	18,35	17,60	Soleil faible.
23	18,80	18,91	19,00	18,89	18,00	17,00	17,40	18,00	18,05	17,75	Couvert, vent.
24	17,20	18,30	18,80	19,00	18,40	11,50	13,25	15,50	16,75	17,11	Soleil faible.
25	16,95	18,00	15,50	18,85	17,05	12,50	14,00	15,70	16,60	17,00	Demi-couvert.
26	16,50	17,05	17,51	18,40	16,50	13,40	14,00	14,90	15,60	16,60	Pluie fine.
27	15,20	16,80	17,30	17,00	16,51	13,30	14,00	14,81	15,50	16,65	Demi-couvert.
28	17,30	17,61	17,70	17,80	16,50	13,65	14,35	15,60	16,20	16,00	Idem.
29	17,90	18,00	18,10	17,80	17,40	15,40	15,75	16,10	16,35	16,20	Idem.
30	17,01	18,00	17,92	17,75	17,35	17,80	14,51	14,70	15,91	16,20	Idem.
31	16,70	16,30	17,70	17,40	17,05	11,75	13,40	15,15	16,20	16,35	Idem.
Moy.	17,50	18,29	18,64	18,73	18,81	15,36	16,23	17,32	17,86	17,42	

MOIS D'AOUT 1882.

CABLES THERMO-ÉLECTRIQUES.

3 HEURES DU SOIR.

Tableau n° 35.

DATE.	SOL GAZONNÉ. CABLE DE 33 MÈTRES.					SOL DÉNUDÉ ET SABLÉ. CABLE DE 23 MÈTRES.					ÉTAT DU CIEL.
	SOUDURE N° 1. Profondeur 0^{m}05.	SOUDURE N° 2. Profondeur 0^{m}10.	SOUDURE N° 3. Profondeur 0^{m}20.	SOUDURE N° 4. Profondeur 0^{m}30.	SOUDURE N° 5. Profondeur 0^{m}60.	SOUDURE N° 1. Profondeur 0^{m}05.	SOUDURE N° 2. Profondeur 0^{m}10.	SOUDURE N° 3. Profondeur 0^{m}20.	SOUDURE N° 4. Profondeur 0^{m}30.	SOUDURE N° 5. Profondeur 0^{m}60.	
1	21,20	20,50	19,50	19,40	18,70	24,60	22,10	19,90	19,30	19,60	Demi-couvert, vent.
2	21,50	20,70	19,80	19,50	18,90	25,50	23,20	20,10	19,70	19,80	Soleil.
3	22,00	20,85	20,00	19,70	19,10	25,60	23,80	20,30	19,80	19,95	Idem.
4	21,20	20,15	19,70	19,70	19,40	24,05	21,70	19,80	19,25	19,15	Idem.
5	20,25	19,85	19,70	19,75	19,81	21,00	20,30	19,50	19,40	19,00	Couvert.
6	21,55	20,00	19,25	19,10	18,75	25,05	22,00	19,40	18,60	18,25	Soleil.
7	21,55	21,30	19,95	19,71	19,00	23,50	21,71	20,50	19,00	18,88	Couvert.
8	21,45	21,30	20,08	19,75	19,00	21,50	21,30	20,30	19,85	19,05	Idem.
9	18,27	18,50	18,75	18,81	17,85	18,35	18,21	17,91	19,10	18,30	Idem.
10	19,80	19,60	19,20	18,86	18,41	20,50	20,30	19,70	19,51	18,81	Soleil.
11	21,00	19,40	19,58	19,40	18,95	24,10	21,50	20,80	20,70	19,91	Demi-couvert.
12	23,00	20,40	19,89	20,11	19,75	27,80	24,00	22,50	22,00	20,51	Soleil.
13	20,25	20,75	20,89	21,00	20,05	20,05	20,50	21,35	21,85	20,61	Pluie.
14	23,30	21,20	20,35	20,10	20,05	26,00	23,40	20,90	20,75	20,71	Soleil.
15	22,50	21,30	20,30	19,80	19,10	23,40	22,10	20,20	19,70	18,90	Demi-couvert.
16	18,70	18,90	19,10	19,30	19,51	17,41	17,10	17,15	17,65	18,70	Couvert, vent.
17	19,80	18,60	18,50	17,90	16,40	19,00	17,10	16,35	16,45	17,25	Demi-couvert.
18	19,10	18,25	18,00	17,90	16,51	20,50	18,35	16,70	16,60	17,00	Couvert.
19	21,00	20,80	19,20	19,51	16,61	22,70	21,00	19,40	19,61	17,00	Demi-couvert.
20	19,80	18,90	18,75	18,85	16,50	22,15	19,60	18,30	18,50	17,15	Soleil.
21	20,60	19,90	19,50	18,80	17,70	21,80	20,20	18,30	18,05	17,60	Couvert.
22	20,50	19,60	19,30	18,70	18,00	22,10	20,40	18,30	17,77	17,80	Soleil faible.
23	19,70	19,40	19,30	19,17	18,90	19,00	18,40	17,90	18,00	17,80	Couvert, vent.
24	19,70	18,51	18,20	18,45	17,80	20,95	18,50	16,81	16,30	17,09	Soleil.
25	17,25	17,35	17,60	17,70	17,91	16,20	16,20	15,90	16,00	17,75	Pluie.
26	17,80	17,70	17,80	17,92	18,04	17,30	16,81	16,30	16,00	16,72	Soleil faible.
27	18,50	17,45	17,53	17,61	17,20	19,00	17,40	15,80	16,00	16,20	Demi-couvert.
28	18,00	17,71	17,70	17,75	17,70	18,40	17,30	16,10	16,00	16,50	Idem.
29	19,50	17,95	18,50	17,85	17,91	20,10	18,80	17,75	15,85	16,61	Idem.
30	19,60	18,50	17,80	17,95	16,10	20,10	18,81	17,17	16,20	16,30	Nuageux.
31	18,50	17,90	16,50	16,71	17,00	18,50	17,10	15,75	15,55	16,00	Demi-couvert.
Moy.	20,22	19,46	19,04	18,95	18,28	21,56	19,97	18,65	18,32	18,26	

MOIS DE SEPTEMBRE 1882.

CABLES THERMO-ÉLECTRIQUES.

6 HEURES DU MATIN.

Tableau n° 36.

DATE.	SOL GAZONNÉ. CABLE DE 33 MÈTRES.					SOL DÉNUDÉ ET SABLÉ. CABLE DE 23 MÈTRES.					ÉTAT DU CIEL.
	SOUDURE No 1. Profondeur 0m05.	SOUDURE No 2. Profondeur 0m10.	SOUDURE No 3. Profondeur 0m20.	SOUDURE No 4. Profondeur 0m30.	SOUDURE No 5. Profondeur 0m60.	SOUDURE No 1. Profondeur 0m05.	SOUDURE No 2. Profondeur 0m10.	SOUDURE No 3. Profondeur 0m20.	SOUDURE No 4. Profondeur 0m30.	SOUDURE No 5. Profondeur 0m60.	
1	17,50	17,7l	17,80	17,95	17,70	14,20	15,20	16,00	16,40	16,30	Demi-couvert.
2	18,41	18,35	18,40	18,00	17,51	15,90	16,65	16,90	17,10	16,60	Idem.
3	18,10	18,30	18,05	17,80	17,20	16,75	17,00	17,40	17,30	17,20	Idem.
4	18,65	18,83	18,70	18,65	17,80	14,66	15,95	17,41	18,05	17,40	Idem.
5	19,25	19,50	19,40	19,05	18,10	15,60	16,30	17,20	17,85	17,54	Idem.
6	18,91	19,70	18,50	18,10	16,90	15,15	15,70	16,85	17,55	17,51	Pluie fine.
7	18,00	18,20	18,25	18,10	18,00	15,35	15,90	16,60	16,80	17,01	Couvert.
8	16,00	17,61	17,89	18,15	17,95	13,30	14,50	15,80	16,70	17,00	Demi-couvert.
9	17,40	17,90	17,95	18,00	17,97	12,80	14,20	15,60	16,40	16,50	Idem.
10	18,10	18,20	18,15	18,20	17,60	14,25	16,00	16,25	16,65	16,60	Idem.
11	18,50	18,70	18,85	18,96	18,17	16,31	16,90	17,00	17,30	16,60	Idem.
12	18,30	18,50	18,40	18,35	18,00	14,80	14,80	15,75	16,88	17,00	Petite pluie.
13	16,60	17,40	17,70	17,80	17,31	10,35	12,30	14,40	15,75	16,70	Demi-couvert.
14	15,99	16,80	17,54	17,80	17,40	9,48	12,05	14,05	15,71	16,70	Idem.
15	15,50	16,00	16,85	17,67	17,40	8,15	10,71	13,90	15,50	16,65	Idem.
16	13,35	14,30	15,05	15,80	16,71	9,40	10,00	11,65	12,80	14,81	Couvert.
17	14,51	14,85	14,96	15,75	16,51	12,90	13,10	13,25	13,50	14,38	Idem.
18	14,30	14,60	14,75	15,54	16,50	12,50	13,00	13,20	13,50	14,20	Demi-couvert.
19	14,00	15,30	15,51	15,65	16,50	13,10	13,50	13,10	14,20	14,31	Couvert.
20	14,30	14,91	15,15	15,58	15,91	10,40	11,80	12,50	12,85	13,95	Demi-couvert.
21	13,50	14,35	14,85	15,20	15,85	11,50	11,80	12,20	12,70	13,00	Pluie.
22	13,80	14,10	14,30	14,55	15,70	12,55	12,95	13,20	13,40	13,65	Pluie fine.
23	13,15	13,51	14,30	14,50	15,51	10,05	10,85	11,90	12,85	13,17	Demi-couvert.
24	13,50	13,92	14,25	14,50	15,00	10,36	11,15	12,30	13,00	13,80	Léger brouillard.
25	12,70	13,50	14,10	14,30	14,71	10,30	11,10	11,89	12,90	13,75	Demi-couvert.
26	13,05	13,31	13,98	14,51	15,00	10,80	11,40	11,95	12,95	13,75	Couvert.
27	12,85	13,60	13,85	14,30	14,80	11,20	11,70	11,90	12,81	13,50	Pluie fine.
28	12,09	13,15	13,65	14,15	14,77	9,10	11,10	11,15	11,95	12,91	Demi-couvert.
29	12,99	13,70	13,69	14,91	14,71	12,50	12,30	12,59	12,90	12,99	Couvert.
30	13,10	12,90	13,55	14,00	14,61	10,80	11,50	12,05	12,35	12,88	Idem.
Moy.	15,58	16,12	16,27	16,51	16,59	12,68	13,35	14,19	14,89	15,40	

MOIS DE SEPTEMBRE 1882.

CABLES THERMO-ÉLECTRIQUES.

3 HEURES DU SOIR.

Tableau n° 37.

DATE.	SOL GAZONNÉ. CABLE DE 33 MÈTRES.					SOL DÉNUDÉ ET SABLÉ. CABLE DE 23 MÈTRES.					ÉTAT DU CIEL.
	SOUDURE N° 1, Profondeur 0m05.	SOUDURE N° 2, Profondeur 0m10.	SOUDURE N° 3, Profondeur 0m20.	SOUDURE N° 4, Profondeur 0m30.	SOUDURE N° 5, Profondeur 0m60.	SOUDURE N° 1, Profondeur 0m05.	SOUDURE N° 2, Profondeur 0m10.	SOUDURE N° 3, Profondeur 0m20.	SOUDURE N° 4, Profondeur 0m30.	SOUDURE N° 5, Profondeur 0m60.	
1	19,75	18,65	18,10	17,53	17,51	20,40	18,55	16,75	16,60	16,30	Soleil faible.
2	21,00	19,85	18,45	18,05	17,70	23,00	21,25	18,70	18,50	17,15	Soleil.
3	20,35	19,60	19,00	18,60	17,80	22,00	19,60	18,05	17,75	17,15	Idem.
4	19,95	19,40	19,00	18,80	18,10	21,20	19,50	17,95	17,30	17,17	Demi-couvert.
5	20,60	19,80	19,10	18,75	18,30	21,30	19,70	18,00	17,35	17,20	Soleil.
6	19,40	19,15	19,10	19,00	18,65	17,71	17,50	17,20	17,25	17,80	Couvert.
7	19,15	18,80	18,75	18,70	18,51	18,75	18,20	16,75	16,81	16,95	Demi-couvert.
8	20,00	18,65	17,80	17,89	18,01	21,40	18,80	17,00	16,35	16,10	Soleil faible.
9	18,85	18,50	18,25	17,90	18,05	18,50	17,25	16,25	16,25	16,80	Couvert.
10	20,40	19,00	18,00	18,10	17,70	23,10	21,20	18,00	16,60	16,45	Soleil par intervalles.
11	19,65	19,20	18,65	18,10	18,00	18,90	18,40	17,75	17,50	17,00	Idem.
12	18,85	18,60	18,30	18,31	18,10	18,00	16,75	16,60	16,80	17,00	Couvert.
13	18,00	17,10	17,80	18,30	18,15	16,70	15,90	14,70	14,65	14,80	Demi-couvert.
14	16,20	16,15	16,50	16,70	17,34	14,40	14,00	14,05	14,51	14,71	Pluie.
15	15,00	14,89	15,91	16,70	17,15	13,17	12,75	12,20	13,00	15,20	Demi-couvert.
16	15,35	15,10	15,30	15,71	16,80	14,20	13,60	12,51	12,65	14,30	Idem.
17	16,40	15,85	15,75	15,95	16,15	14,85	14,30	13,85	13,50	14,30	Couvert.
18	17,00	16,30	15,85	15,90	16,20	17,40	16,60	14,60	14,10	14,15	Idem.
19	17,00	16,40	16,00	16,05	16,30	15,00	14,75	14,45	14,40	14,70	Idem.
20	15,85	15,90	16,00	16,15	16,30	13,60	13,30	13,25	13,55	15,05	Pluie.
21	15,20	15,20	15,40	15,55	16,00	14,00	13,60	13,40	13,50	14,30	Idem.
22	15,20	15,31	15,45	15,61	16,00	14,20	14,00	13,70	13,60	14,30	Couvert.
23	14,90	14,70	14,35	15,00	15,85	14,10	13,35	12,90	13,00	14,20	Demi-couvert.
24	15,20	14,80	14,70	14,80	15,40	14,90	14,41	13,00	13,50	13,70	Idem.
25	16,30	15,80	15,75	15,81	15,40	16,35	15,25	13,35	12,81	13,50	Soleil faible.
26	15,70	15,20	14,50	14,65	15,00	15,05	13,95	13,05	12,70	13,80	Demi-couvert.
27	16,80	15,55	15,10	15,00	15,20	16,90	15,30	13,85	13,45	13,80	Nuageux.
28	14,05	15,00	15,15	15,10	15,20	12,20	12,00	12,10	12,60	13,05	Pluie.
29	15,40	14,90	14,60	15,10	15,50	15,70	14,80	13,40	13,00	13,20	Idem.
30	15,65	15,30	15,40	14,30	14,80	17,50	15,60	13,80	13,15	13,30	Demi-couvert.
Moy.	17,46	16,95	16,73	16,68	16,87	17,15	16,13	15,04	15,02	15,23	

MOIS D'OCTOBRE 1882.

CABLES THERMO-ÉLECTRIQUES.

6 HEURES DU MATIN.

Tableau n° 38.

DATE.	SOL GAZONNÉ. CABLE DE 33 MÈTRES.					SOL DÉNUDÉ ET SABLÉ. CABLE DE 23 MÈTRES.					ÉTAT DU CIEL.
	SOUDURE N° 1 Profondeur 0m05	SOUDURE N° 2 Profondeur 0m10	SOUDURE N° 3 Profondeur 0m20	SOUDURE N° 4 Profondeur 0m30	SOUDURE N° 6 Profondeur 0m60	SOUDURE N° 1 Profondeur 0m05	SOUDURE N° 2 Profondeur 0m10	SOUDURE N° 3 Profondeur 0m20	SOUDURE N° 4 Profondeur 0m30	SOUDURE N° 5 Profondeur 0m60	
1	15,08	15,35	15,30	15,20	15,30	14,30	14,40	14,51	14,20	13,80	Demi-couvert.
2	15,35	15,40	15,50	15,57	15,61	14,05	11,05	14,50	14,65	14,50	Couvert.
3	14,00	14,70	15,20	15,50	15,40	10,40	11,29	12,59	13,95	14,45	Demi-couvert.
4	13,50	14,10	14,35	15,82	15,17	9,85	10,65	11,84	13,15	14,05	Idem.
5	12,60	13,91	14,27	14,70	15,15	9,00	10,41	11,50	13,00	13,88	Couvert.
6	12,20	13,00	13,87	14,63	14,77	10,00	10,50	12,75	12,75	13,65	Idem.
7	12,15	12,50	13,65	14,50	14,55	9,60	10,15	11,00	12,50	13,15	Léger brouillard.
8	11,80	12,30	12,85	13,91	14,41	9,70	10,20	10,89	11,80	12,95	Idem.
9	11,60	12,25	12,70	13,85	14,32	9,70	10,17	11,05	11,80	12,77	Demi-couvert.
10	12,95	13,40	13,60	13,85	14,41	11,55	11,80	11,95	12,40	12,50	Brouillard.
11	14,50	14,60	14,65	14,60	14,67	12,70	13,20	13,40	13,50	13,20	Idem.
12	15,50	15,55	15,45	15,25	14,90	15,00	14,95	15,10	14,95	13,85	Pluie.
13	12,70	13,71	14,50	15,00	14,81	8,50	10,40	14,50	14,05	13,50	Demi-couvert.
14	12,20	13,25	13,40	14,15	14,51	11,35	11,70	12,00	12,50	13,38	Couvert.
15	11,50	12,45	12,89	13,75	14,28	9,85	10,40	10,90	12,05	12,98	Pluie fine.
16	11,20	11,95	12,71	13,50	14,01	9,60	10,00	10,70	11,95	12,85	Couvert.
17	11,80	12,60	13,30	13,60	13,71	10,10	10,55	11,30	11,80	12,80	Idem.
18	12,05	12,45	12,70	12,87	13,15	8,50	9,80	10,80	11,50	12,05	Brouillard.
19	11,41	12,05	12,80	13,40	13,60	7,20	8,35	9,90	11,00	11,85	Couvert.
20	11,00	11,35	11,60	12,50	13,15	10,00	10,00	10,41	10,70	11,79	Pluie fine.
21	11,30	12,09	12,50	12,80	13,20	8,00	9,70	10,80	11,00	12,05	Couvert.
22	12,90	12,90	12,56	13,05	13,15	11,30	11,50	11,80	12,00	12,70	Idem.
23	11,05	12,20	12,38	12,91	13,00	7,70	8,60	10,15	11,95	12,51	Demi-couvert.
24	10,90	11,30	12,08	12,35	12,50	9,55	9,40	10,00	10,60	11,70	Pluie.
25	10,00	10,65	11,91	12,21	12,50	7,90	8,35	9,50	10,15	11,61	Demi-couvert.
26	10,50	10,80	11,10	11,70	12,05	8,50	8,60	9,30	9,70	11,10	Couvert.
27	10,50	10,75	11,15	11,51	11,90	8,48	8,65	9,10	9,75	10,85	Idem.
28	10,50	10,61	10,95	11,40	11,90	8,63	9,20	9,63	9,80	10,50	Idem.
29	10,40	10,50	10,61	10,95	10,71	9,20	9,55	9,60	9,80	11,35	Pluie.
30	9,05	9,60	10,00	10,35	10,50	4,70	6,05	7,40	9,00	9,80	Léger brouillard.
31	10,30	10,35	10,55	10,85	11,05	8,70	9,20	9,50	9,70	10,65	Couvert.
Moy.	12,01	12,54	12,94	13,23	13,87	9,80	10,38	11,17	11,99	12,52	

MOIS D'OCTOBRE 1882.

CABLES THERMO-ÉLECTRIQUES.

3 HEURES DU SOIR.

Tableau n° 39.

DATE.	SOL GAZONNÉ. CABLE DE 33 MÈTRES.					SOL DÉNUDÉ ET SABLÉ. CABLE DE 23 MÈTRES.					ÉTAT DU CIEL.
	SOUDURE N° 1. Profondeur 0m05.	SOUDURE N° 2. Profondeur 0m10.	SOUDURE N° 3. Profondeur 0m20.	SOUDURE N° 4. Profondeur 0m30.	SOUDURE N° 5. Profondeur 0m60.	SOUDURE N° 1. Profondeur 0m05.	SOUDURE N° 2. Profondeur 0m10.	SOUDURE N° 3. Profondeur 0m20.	SOUDURE N° 4. Profondeur 0m30.	SOUDURE N° 5. Profondeur 0m80.	
1	16,50	16,10	15,75	15,20	15,35	17,70	16,20	14,85	14,15	13,90	Demi-couvert.
2	17,20	16,00	15,35	15,50	15,11	17,30	16,00	14,80	14,20	14,00	Soleil faible.
3	15,30	15,10	14,95	15,00	15,15	15,75	14,21	13,35	13,40	14,00	Nuageux.
4	15,00	14,60	14,50	14,87	15,10	14,30	13,40	12,50	12,60	13,50	Idem.
5	14,05	14,40	14,31	14,51	14,95	12,30	11,90	11,60	12,05	13,07	Couvert.
6	14,10	14,14	13,50	14,05	15,00	14,10	13,10	12,20	12,15	13,00	Idem.
7	13,60	13,65	13,80	13,95	14,20	13,50	12,51	11,90	12,00	13,00	Soleil faible.
8	13,60	13,15	13,65	13,80	14,20	15,00	15,05	11,51	11,10	13,00	Idem.
9	14,20	13,90	13,80	14,00	14,30	14,70	13,70	12,40	12,20	12,85	Couvert.
10	14,90	14,30	14,10	14,30	14,50	15,80	14,40	13,10	12,60	13,10	Nuageux.
11	15,75	14,85	14,40	14,25	14,20	18,60	16,55	14,45	13,50	13,00	Soleil faible.
12	15,75	15,30	15,00	15,00	14,60	15,70	15,40	15,00	14,60	13,70	Couvert.
13	14,30	14,15	14,30	14,50	14,60	13,95	13,15	12,60	13,80	13,75	Nuageux.
14	13,15	13,25	13,95	14,28	14,58	12,10	12,15	12,30	12,50	13,20	Couvert.
15	13,00	13,50	13,80	14,00	14,30	11,70	11,55	11,50	12,00	13,17	Idem.
16	12,05	12,85	13,70	13,95	14,14	11,20	11,05	11,00	11,80	12,85	Idem.
17	13,60	13,51	13,65	13,95	14,15	12,75	12,20	11,60	11,50	13,05	Idem.
18	13,05	12,80	12,88	13,05	13,55	12,50	11,61	11,12	11,10	12,35	Demi-couvert.
19	11,70	12,10	12,30	12,65	13,00	10,91	10,30	9,90	10,30	11,90	Couvert.
20	12,80	12,30	12,30	12,51	13,00	13,20	12,20	10,00	10,80	11,50	Soleil faible pr interv.
21	11,50	12,00	12,20	12,40	12,90	11,50	11,00	10,80	10,70	11,20	Pluie fine.
22	11,08	11,95	12,17	12,35	12,75	11,30	10,65	10,71	10,58	11,25	Soleil faible pr interv.
23	11,45	11,50	12,45	12,70	13,90	11,00	10,51	30,30	10,80	12,00	Idem.
24	11,80	11,90	12,10	12,50	13,20	11,70	11,30	10,60	10,58	11,50	Idem.
25	11,05	11,20	11,40	12,00	12,90	10,10	9,60	9,30	9,60	11,30	Idem.
26	10,40	11,35	11,60	11,90	12,80	11,05	10,00	9,60	9,80	11,00	Nuageux.
27	10,95	11,01	11,25	11,70	12,41	10,00	8,61	9,40	9,70	10,80	Couvert.
28	10,85	10,90	11,75	11,64	12,40	10,59	9,90	9,85	9,91	10,80	Idem.
29	10,70	10,85	11,05	11,40	11,99	10,00	9,90	9,85	10,00	10,68	Idem.
30	10,00	10,15	10,71	11,00	12,00	8,70	9,50	9,70	9,80	10,00	Idem.
31	10,70	10,75	11,00	11,40	12,30	11,90	10,85	9,80	9,06	10,30	Soleil faible.
Moy.	13,03	13,02	13,17	13,57	13,79	13,09	12,24	11,52	11,59	12,39	

MOIS DE NOVEMBRE 1882.

CABLES THERMO-ÉLECTRIQUES.

6 HEURES DU MATIN.

Tableau n° 40.

DATE.	SOL GAZONNÉ. CABLE DE 33 MÈTRES.					SOL DÉNUDÉ ET SABLÉ. CABLE DE 23 MÈTRES.					ÉTAT DU CIEL.
	SOUDURE N° 1. Profondeur 0^{m}05.	SOUDURE N° 2. Profondeur 0^{m}10.	SOUDURE N° 3. Profondeur 0^{m}20.	SOUDURE N° 4. Profondeur 0^{m}30.	SOUDURE N° 5. Profondeur 0^{m}60.	SOUDURE N° 1. Profondeur 0^{m}05.	SOUDURE N° 2. Profondeur 0^{m}10.	SOUDURE N° 3. Profondeur 0^{m}20.	SOUDURE N° 4. Profondeur 0^{m}30.	SOUDURE N° 5. Profondeur 0^{m}60.	
1	10,00	10,08	10,17	11,75	11,00	6,10	7,00	8,88	9,50	10,45	Demi-couvert.
2	8,95	9,70	10,30	10,50	11,10	6,55	7,55	8,80	9,40	10,40	Idem.
3	9,90	10,10	10,45	10,50	10,85	6,85	7,60	9,71	9,80	10,30	Idem.
4	10,00	10,15	10,45	10,70	11,20	9,10	9,10	9,25	9,55	10,27	Pluie fine.
5	9,88	10,17	10,54	10,90	11,35	7,40	8,30	8,90	9,51	10,35	Demi-couvert.
6	10,40	10,15	10,61	10,70	11,50	10,10	9,99	10,00	10,05	10,35	Idem.
7	11,25	11,30	11,35	11,40	14,61	10,90	10,97	11,00	11,00	11,00	Idem.
8	11,00	11,10	11,20	11,20	11,35	10,40	10,65	10,90	11,00	10,90	Pluie.
9	10,35	10,40	10,50	10,55	10,70	8,40	8,80	9,80	10,15	10,65	Couvert.
10	9,65	9,71	9,91	10,10	10,05	6,40	7,20	7,24	9,35	10,51	Demi-couvert.
11	9,15	9,70	10,00	10,10	10,65	6,80	7,10	8,00	8,71	10,05	Pluie.
12	8,05	9,50	9,80	9,85	10,31	4,80	5,00	7,05	8,00	9,70	Couvert.
13	8,90	9,10	9,60	9,80	10,05	6,90	7,80	7,70	8,10	9,50	Pluie.
14	8,00	8,91	9,38	9,60	9,88	6,20	7,16	7,50	7,85	9,38	Idem.
15	7,90	8,60	9,00	9,20	9,90	3,80	4,40	6,35	7,30	8,35	Couvert.
16	7,40	8,05	8,45	8,80	9,00	5,89	6,95	6,20	6,60	8,30	Idem.
17	7,17	7,85	8,00	8,71	9,00	4,80	5,75	6,05	6,45	8,15	Idem.
18	7,00	6,95	7,51	8,17	8,89	3,00	3,70	4,91	5,80	7,30	Idem.
19	7,00	6,90	7,60	8,21	9,00	5,00	5,15	5,00	5,17	6,91	Idem.
20	6,51	6,30	7,05	8,50	9,00	4,00	4,71	4,65	4,91	5,98	Idem.
21	4,51	5,71	6,97	8,15	9,00	2,00	2,85	3,99	4,90	5,96	Demi-couvert.
22	4,48	5,80	6,79	8,17	8,88	3,40	3,50	3,75	4,71	5,89	Pluie fine.
23	5,15	6,00	6,80	8,15	8,25	7,80	7,50	6,90	6,91	6,05	Idem.
24	8,70	8,75	8,52	8,50	8,60	9,71	9,65	9,10	8,60	7,81	Pluie, grand vent.
25	7,81	8,10	8,25	8,40	8,80	7,60	8,00	8,15	8,21	8,35	Idem.
26	9,10	9,17	9,25	9,00	9,10	9,00	9,40	9,43	9,10	8,75	Pluie fine.
27	7,85	8,60	9,10	8,95	9,05	5,00	6,20	8,50	8,95	8,75	Demi-couvert.
28	5,05	7,40	8,15	8,71	8,88	2,80	4,00	6,60	8,08	8,71	Couvert.
29	5,30	6,50	7,10	7,95	8,77	2,20	3,25	5,05	6,10	7,50	Demi-couvert.
30	5,05	6,00	6,85	7,70	8,55	4,70	5,00	5,54	6,10	7,00	Pluie.
Moy.	8,05	8,56	8,71	9,43	9,81	6,25	6,77	7,50	9,03	8,82	

MOIS DE NOVEMBRE 1882.

CABLES THERMO-ÉLECTRIQUES.

3 HEURES DU SOIR.

Tableau n° 41.

DATE.	SOL GAZONNÉ. CABLE DE 33 MÈTRES.					SOL DÉNUDÉ ET SABLÉ. CABLE DE 23 MÈTRES.					ÉTAT DU CIEL.
	SOUDURE N° 1. Profondeur 0m06.	SOUDURE N° 2. Profondeur 0m10.	SOUDURE N° 3. Profondeur 0m20.	SOUDURE N° 4. Profondeur 0m30.	SOUDURE N° 5. Profondeur 0m60.	SOUDURE N° 1. Profondeur 0m06.	SOUDURE N° 2. Profondeur 0m10.	SOUDURE N° 3. Profondeur 0m20.	SOUDURE N° 4. Profondeur 0m30.	SOUDURE N° 5. Profondeur 0m60.	
1	10,20	10,25	10,50	11,30	12,40	10,91	9,65	9,85	10,00	10,15	Nuageux.
2	10,10	10,20	10,70	11,00	11,70	10,50	8,80	9,05	9,10	10,30	Idem.
3	10,35	10,40	10,70	11,00	11,85	10,80	10,10	9,20	9,21	10,40	Demi-couvert.
4	10,80	10,71	10,95	11,10	11,90	11,30	10,70	9,90	9,80	10,30	Idem.
5	11,20	10,95	11,09	11,17	11,90	11,50	10,80	10,60	10,59	11,05	Couvert.
6	11,20	11,09	11,20	11,20	11,75	12,80	11,35	10,80	10,50	10,60	Idem.
7	10,30	11,15	11,10	11,15	11,45	12,30	11,70	11,00	10,70	10,60	Demi-couvert.
8	10,90	11,96	11,00	11,23	11,30	10,55	10,50	10,60	10,70	10,95	Couvert.
9	10,65	10,70	10,90	11,20	11,60	9,90	9,50	9,40	9,80	10,70	Demi-couvert.
10	9,60	10,00	10,30	10,75	11,50	8,50	8,10	8,10	8,70	10,30	Nuageux.
11	9,55	9,70	10,10	10,60	11,30	7,30	7,50	7,90	8,50	9,90	Demi-couvert.
12	8,80	9,60	9,80	10,30	11,30	7,55	7,60	7,40	8,30	9,80	Couvert.
13	8,91	9,05	9,20	9,81	10,50	8,00	7,95	7,80	8,00	9,15	Pluie fine.
14	7,80	8,20	8,50	9,00	9,90	6,10	6,60	7,40	7,90	9,10	Couvert.
15	7,30	8,20	8,75	9,30	9,70	5,50	5,55	6,00	6,80	8,80	Demi-couvert.
16	7,90	8,00	8,15	9,00	9,20	5,70	5,85	6,20	6,80	8,15	Pluie.
17	7,20	7,60	8,00	8,60	9,30	5,40	5,50	5,80	6,40	8,00	Couvert.
18	6,00	6,51	6,85	7,61	8,85	3,00	3,50	4,40	5,65	7,08	Soleil très faible.
19	6,65	6,70	7,10	7,80	9,45	5,72	5,50	5,00	5,21	7,10	Idem.
20	6,60	7,00	7,17	7,70	8,50	5,41	5,25	5,17	6,40	7,25	Pluie par intervalles.
21	5,70	6,15	6,80	7,20	8,00	4,36	4,20	4,40	5,05	7,00	Soleil très faible.
22	6,33	6,40	6,91	7,50	9,00	6,17	5,90	5,00	5,10	8,60	Couvert.
23	8,50	8,00	7,75	7,80	9,50	11,00	9,90	8,05	7,10	8,60	Couvert.
24	8,92	8,75	8,60	8,71	8,70	9,70	9,00	8,71	8,40	8,11	Soleil faible pr inter.
25	9,75	9,00	8,80	8,45	8,80	11,20	10,70	8,80	8,40	8,15	Pluie fine.
26	9,60	9,40	9,35	9,20	9,10	9,51	9,41	9,25	9,30	8,80	Soleil par intervalles.
27	7,61	8,00	8,20	9,01	9,00	5,50	5,85	6,65	7,70	8,35	Idem.
28	6,10	6,70	7,35	8,00	8,30	4,60	4,60	5,81	6,00	7,80	Nuageux.
29	6,10	5,85	6,80	7,40	7,71	3,85	3,70	4,20	5,30	7,45	Couvert.
30	5,40	5,70	6,50	6,90	7,50	4,00	4,20	4,65	5,45	6,71	Soleil très faible.
Moy.	8,54	8,69	8,97	9,36	10,03	7,89	7,61	7,57	7,89	8,91	

On peut résumer les observations précédentes et prendre
les moyennes mensuelles, tant à 6 heures du matin qu'à
3 heures du soir, ainsi que la moyenne de ces deux
déterminations : on forme alors le tableau de la page sui-
vante dans lequel les températures sont corrigées de la
variation du zéro du thermomètre qui est à + 0°,10 :

Tableau n° 42.

SOLS DIVERS.		TEMPÉRATURE moyenne mensuelle à 6ʰ du matin.					TEMPÉRATURE moyenne mensuelle à 3ʰ du soir.					TEMPÉRATURE moyenne mensuelle.				
		0m05	0m10	0m20	0m30	0m60	0m05	0m10	0m20	0m30	0m60	0m05	0m10	0m20	0m30	0m60
Décembre 1881.	Sol gazonné..	3,41	3,66	4,30	4,51	5,09	3,58	3,87	4,38	4,89	5,73	3,50	3,77	4,34	4,70	5,41
	Sol dénudé..	1,78	2,14	2,71	3,31	4,46	2,51	2,62	2,90	3,34	4,72	2,15	2,38	2,81	3,33	4,59
	Différence..	1,63	1,52	1,59	1,20	0,63	1,07	1,25	1,48	1,55	1,01	1,35	1,39	1,53	1,37	0,82
Janvier 1882.	Sol gazonné..	1,61	1,82	1,93	2,78	2,73	2,25	2,45	2,59	2,88	3,35	1,93	2,14	2,26	2,83	3,04
	Sol dénudé..	0,87	1,01	1,39	1,64	2,25	1,83	1,76	1,86	2,11	2,98	1,35	1,39	1,63	1,87	2,62
	Différence..	0,74	0,81	0,54	1,14	0,48	0,42	0,69	0,73	0,77	0,37	0,58	0,75	0,63	0,96	0,42
Février 1882.	Sol gazonné..	1,67	1,76	1,88	2,09	2,46	3,03	2,80	2,93	3,23	3,46	2,35	2,28	2,41	2,66	2,96
	Sol dénudé..	1,48	1,50	1,74	1,94	2,32	4,18	3,61	3,08	3,02	3,35	2,83	2,56	2,41	2,48	2,83
	Différence..	0,19	0,26	0,14	0,15	0,14	—1,15	—0,81	—0,15	0,21	0,11	—0,48	—0,28	0,00	0,18	0,13
Mars 1882.	Sol gazonné..	6,27	6,40	6,46	6,51	6,41	9,64	8,89	8,41	8,11	7,17	7,96	7,04	7,43	7,31	6,79
	Sol dénudé..	6,16	6,34	6,47	6,09	6,51	11,91	10,66	9,06	8,38	8,19	9,04	8,50	7,76	7,43	7,35
	Différence..	0,11	0,06	—0,01	0,42	—0,10	—2,27	—1,77	—0,65	—0,27	—1,02	—1,08	—0,86	—0,33	—0,12	—0,56
Avril 1882.	Sol gazonné..	9,52	10,05	10,08	9,49	9,97	12,08	11,05	10,59	10,36	9,59	10,80	10,55	10,33	9,92	9,78
	Sol dénudé..	9,79	8,91	9,91	10,21	9,99	14,76	13,31	11,17	10,34	10,19	12,27	11,11	10,54	10,27	10,09
	Différence..	—0,27	1,14	0,17	—0,72	—0,02	—2,68	—0,26	—0,58	0,02	—0,60	—1,47	—0,56	—0,21	—0,35	—0,31
Mai 1882.	Sol gazonné..	14,19	14,23	14,45	14,37	13,39	16,96	15,24	14,66	14,27	13,49	15,57	14,73	14,55	14,32	13,44
	Sol dénudé..	12,02	13,50	14,26	14,60	13,75	19,54	17,60	15,36	14,46	13,60	15,78	15,40	14,81	14,53	13,67
	Différence..	2,17	1,63	0,19	—0,23	—0,37	—2,58	—2,36	—0,70	—0,19	—0,11	—0,21	—0,67	—0,26	—0,21	—0,23
Juin 1882.	Sol gazonné..	16,59	17,27	17,44	17,31	16,56	19,71	18,52	17,78	17,35	16,95	18,15	17,91	17,61	17,33	16,75
	Sol dénudé..	14,04	14,44	16,29	16,77	16,12	21,51	19,53	17,40	16,92	15,98	17,77	16,98	16,84	16,84	16,05
	Différence..	2,55	2,53	1,15	0,54	0,44	—1,80	—1,01	0,38	0,43	0,97	0,38	0,96	0,77	0,49	0,70
Juillet 1882.	Sol gazonné..	18,62	19,20	19,45	19,30	18,62	21,06	20,07	19,37	18,90	17,89	19,84	19,63	19,41	19,05	18,25
	Sol dénudé..	16,71	17,18	18,06	18,66	18,00	23,03	20,92	19,03	18,32	17,50	19,87	19,05	18,54	18,44	17,75
	Différence..	1,91	2,02	1,39	0,64	0,62	—1,97	—0,85	0,34	0,58	0,39	—0,03	0,58	0,87	0,61	0,50
Août 1882.	Sol gazonné..	17,70	18,13	18,54	18,63	18,71	20,12	19,36	18,94	18,85	18,18	18,91	18,77	18,74	18,74	18,44
	Sol dénudé..	15,26	16,13	17,22	17,76	17,32	21,46	19,87	18,52	18,22	18,16	18,36	18,00	17,87	17,99	17,74
	Différence..	2,44	2,00	1,32	0,87	1,39	—1,34	—0,51	0,42	0,63	0,02	0,55	0,77	0,87	0,75	0,70
Septembre 1882.	Sol gazonné..	15,48	16,02	16,17	16,41	16,49	17,36	16,85	16,63	16,58	16,77	16,42	16,43	16,40	16,49	16,63
	Sol dénudé..	12,58	13,25	14,09	14,79	15,30	17,05	16,03	14,94	14,92	15,13	14,81	14,64	14,51	14,85	15,21
	Différence..	2,90	2,77	2,08	1,62	1,19	0,31	0,82	1,69	1,66	1,64	1,61	1,79	1,89	1,64	1,42
Octobre 1882.	Sol gazonné..	11,91	12,44	12,84	13,13	13,77	12,93	12,92	13,07	13,27	13,69	12,42	12,68	12,95	13,20	13,73
	Sol dénudé..	9,70	10,26	11,07	11,89	12,42	12,99	12,14	11,42	11,49	12,29	11,34	11,21	11,24	11,69	12,35
	Différence..	2,21	2,18	1,77	1,24	1,35	—0,06	0,78	1,65	1,78	1,40	1,08	1,47	1,71	1,51	1,38
Novembre 1882.	Sol gazonné..	7,95	8,46	8,61	9,33	9,71	8,44	8,59	8,87	9,26	9,93	8,19	8,52	8,74	9,29	9,82
	Sol dénudé..	6,15	6,67	7,40	8,93	8,72	7,79	7,51	7,47	7,79	8,81	6,97	7,09	7,43	8,36	8,76
	Différence..	1,80	1,79	1,21	0,40	0,99	0,65	1,08	1,40	1,47	1,12	1,22	1,43	1,31	0,93	1,06
Année moyenne.	Sol gazonné..	10,41	10,80	11,01	11,15	11,16	12,26	11,72	11,52	11,33	14,35	11,33	11,26	11,26	11,24	11,26
	Sol dénudé..	8,88	9,25	10,05	10,57	10,59	13,21	13,05	11,02	10,78	10,91	11,04	11,15	10,53	10,67	10,75
	Différence..	1,53	1,55	0,96	0,58	0,57	—0,95	—1,33	0,50	0,55	0,44	0,29	0,11	0,73	0,57	0,51

On retrouve encore comme conséquences de ce tableau, les résultats mentionnés les années précédentes. A $0^m,05$ de profondeur, à 6 heures du matin, la moyenne de chaque mois, sauf en avril, est plus élevée sous le sol gazonné que sous le sol dénudé. A 3 heures du soir, à la même profondeur, c'est en général l'inverse que l'on observe depuis février jusqu'en octobre et l'action solaire sur le sol sablonneux donne à celui-ci un excès de température variant en moyenne de $0°,06$ à $2°,68$ sur la température observée sous le sol gazonné; cet hiver le contraire a eu lieu. En moyenne mensuelle, ces excès ne se sont pas tout à fait compensés : à 6 heures du matin, le sol gazonné a eu $1°,53$ de température au-dessus de celle du sol sablonneux; à 3 heures du soir, celui-ci a eu au contraire un excès de $0°,95$, et en moyenne annuelle, à $0^m,05$ de profondeur, le sol gazonné a donné $11°,33$ quand le sol sablonneux, à la même profondeur, n'a donné que $11°,04$.

A partir de $0^m,10$ jusqu'à $0^m,60$ de profondeur, ces effets ont été de moins en moins marqués, et, en moyenne générale, la température a été plus élevée sous le sol gazonné que sous le sol dénudé d'une quantité qui a varié de $0°,10$ à $0°,07$ suivant la profondeur.